Schroll
Fit für den Industriemeisterkurs

AF706769

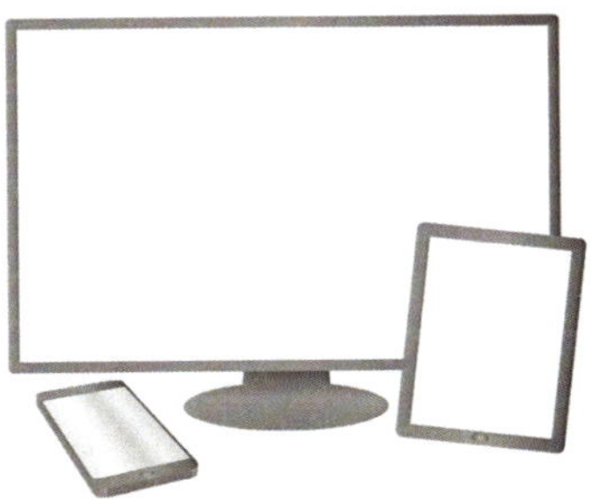

Zusätzliche digitale Inhalte für Sie!

Zu diesem Buch stehen Ihnen kostenlos folgende digitale Inhalte zur Verfügung:

@ Online-Buch

Die digitale Version dieses Buches finden Sie mit vielen hilfreichen Verlinkungen zur komfortablen Recherche in mein**kiehl**.

Schalten Sie sich das Buch inklusive Mehrwert direkt frei.

Scannen Sie den QR-Code **oder** rufen Sie die Seite mein**kiehl** auf.
Geben Sie den Freischaltcode ein und folgen Sie dem Anmeldedialog. Fertig!

Ihr Freischaltcode

CHPF-PWVE-NLWN-KJXD-IGJP-IL

Fit für den Industriemeisterkurs

Von
Dipl.-Ing. Stefan Schroll, M. Sc

4., aktualisierte Auflage

kiehl

Bildnachweis Umschlag: © nd3000 – stock.adobe.com

ISBN 978-3-470-10484-3 · 4., aktualisierte Auflage 2023

Kiehl ist eine Marke des NWB Verlags

Satz: Ansichtssachen, Egelsbach
Druck: Druckerei Hachenburg PMS GmbH, Hachenburg

Vorwort

Die Entscheidung, sich der Prüfung zum Industriemeister zu stellen, wird wohl von den wenigsten Teilnehmern vorschnell oder gar leichtfertig getroffen. Ist doch neben der finanziellen Belastung hierfür auch ein erheblicher zeitlicher Aufwand notwendig. Doch trotz dieses großen Aufwands scheitern leider immer noch sehr viele Teilnehmer an den IHK-Prüfungen. Die Gründe sind sicherlich je nach Teilnehmer unterschiedlich und lassen sich kaum verallgemeinern. Es ist jedoch auffällig, dass für sehr viele Teilnehmer die mathematischen und physikalischen Grundlagen mit Schwierigkeiten verbunden sind. Es ist also vor allem das Fach „Berücksichtigung von naturwissenschaftlichen und technischen Gesetzmäßigkeiten", meist besser bekannt unter seiner Abkürzung „NTG", das Probleme mit sich bringt. Daher soll dieses Buch den Teilnehmern helfen, sich gezielt auf dieses Fach vorzubereiten. Die Grundlagen, welche die meisten Teilnehmer schon einmal während des Schulbesuchs bearbeitet haben, sollen wiederholt und aufgefrischt werden. Der Stoffumfang wird dabei bewusst auf die Anforderungen des Rahmenplans und die Prüfungsanforderungen begrenzt, um den Teilnehmern nicht mehr zuzumuten, als hier nötig ist. Es wird auch ganz bewusst auf gewisse Inhalte des Fachs NTG verzichtet, wie z. B. Chemie oder Statistik, da es sich hier um Bereiche handelt, die während des Vorbereitungslehrgangs erlernt werden sollen und wenig Vorwissen in diesen Themenbereichen erfordern. Würden diese Themen ebenfalls in diesem Buch behandelt, wäre es nicht mehr möglich, die Grundlagen kompakt und übersichtlich darzustellen.

Zu Beginn des Kapitels werden die einzelnen Themen jeweils wiederholt und direkt anschließend werden dem Thema entsprechende Übungsaufgaben angeboten. Das Bearbeiten der Aufgaben ist erforderlich, da nur durch selbstständiges Einüben des Stoffs ein Lernerfolg erreicht werden kann. Die Lösungen zu den Aufgaben sind bewusst sehr ausführlich dargestellt, damit jeder Rechenschritt nachvollziehbar ist.

Das Buch ist explizit als Vorkurs gedacht, damit den Teilnehmern der Einstieg in das Fach NTG besser gelingt und sie nicht gleich zu Beginn des Kurses überfordert werden. Für die spätere Begleitung während des Industriemeisterkurses und zur Vorbereitung auf die Prüfung erscheinen jeweils eigene Titel im Kiehl Verlag.

Dipl.-Ing. Stefan Schroll, M.Sc.
Truchtlaching am Chiemsee, im Herbst 2022

Vorwort

Benutzungshinweise

Diese Symbole erleichtern Ihnen die Arbeit mit diesem Buch:

TIPP

Hier finden Sie nützliche Hinweise zum Thema.

MERKE

Das X macht auf wichtige Merksätze oder Definitionen aufmerksam.

ACHTUNG

Das Ausrufezeichen steht für Beachtenswertes, wie z. B. Fehler, die immer wieder vorkommen, typische Stolpersteine oder wichtige Ausnahmen.

INFO

Hier erhalten Sie nützliche Zusatz- und Hintergrundinformationen zum Thema.

RECHTSGRUNDLAGEN

Das Paragrafenzeichen verweist auf rechtliche Grundlagen, wie z. B. Gesetzestexte.

MEDIEN

Das Maus-Symbol weist Sie auf andere Medien hin. Sie finden hier Hinweise z. B. auf Download-Möglichkeiten von Zusatzmaterialien, auf Audio-Medien oder auf die Website von Kiehl.

Feedbackhinweis

Kein Produkt ist so gut, dass es nicht noch verbessert werden könnte. Ihre Meinung ist uns wichtig. Was gefällt Ihnen gut? Was können wir in Ihren Augen verbessern? Bitte schreiben Sie einfach eine E-Mail an: **feedback@kiehl.de**

1. Grundlagen des Industriemeisterkurses

1.1 Anforderungen der Industriemeisterausbildung

Die Prüfung zum Industriemeister gliedert sich grundsätzlich in den Bereich Basisqualifikationen (BQ) und Handlungsspezifische Qualifikationen (HQ). Der Bereich der Basisqualifikationen ist für die meisten Industriemeisterabschlüsse (z. B. Metall, Elektro, Kunststoff und Kautschuk, Mechatronik usw.) gleich aufgebaut und findet auch bundesweit an denselben Prüfungsterminen statt. Eine Ausnahme hiervon bilden lediglich die Abschlüsse des Industriemeisters Chemie und Pharmazie[1] und der Logistikmeister[2].

Die Prüfung Basisqualifikationen besteht aus den Teilprüfungen:

- Rechtsbewusstes Handeln
- Anwendung von Methoden der Information, Kommunikation und Planung
- Berücksichtigung von naturwissenschaftlichen und technischen Gesetzmäßigkeiten
- Betriebswirtschaftliches Handeln
- Zusammenarbeit im Betrieb.

Jede einzelne Teilprüfung dauert 90 Minuten und es sind jeweils 100 Punkte erreichbar. In jeder Prüfung müssen zum Bestehen mindestens 50 Punkte erreicht werden; es ist also kein Ausgleich zwischen den Prüfungen möglich. Falls in maximal zwei der fünf Prüfungen unter 50 (aber mindestens 30) Punkte erreicht wurden, bietet die IHK die Möglichkeit einer mündlichen Ergänzungsprüfung von jeweils 20 Minuten Dauer an. Die Leistung der schriftlichen Prüfung zählt bei der Berechnung des Endergebnisses doppelt, sodass z. B. bei einer schriftlichen Leistung von 40 Punkten in der mündlichen Ergänzungsprüfung mindestens 70 Punkte erzielt werden müssen.

MERKE

Auffällig ist, dass im Bereich NTG viele Teilnehmer die Prüfung nicht bestehen, also unter 50 Punkte erreichen, weil sie zum einen die verschiedenen Aufgaben (-typen) nicht gut genug kennen und daher nicht lösen können, zum anderen, weil es für sie aufgrund mangelnder Übung und Routine nicht möglich ist, alle Aufgaben innerhalb der (knapp bemessenen) 90 Minuten zu bearbeiten.

---

1 Hierfür gibt es gänzlich eigene BQ-Prüfungen, welche an anderen Terminen stattfinden.

2 Hier unterscheidet sich ausschließlich die NTG-Prüfung, die restlichen vier BQ-Prüfungen sind dieselben wie die der anderen Meisterabschlüsse.

1.2 Erfolgsstrategien

Um die Prüfung erfolgreich zu absolvieren, empfiehlt es sich, das Folgende zu verinnerlichen:

TIPP

- Ohne intensives Üben der Aufgaben schaffen es nur die allerwenigsten Teilnehmer. Planen Sie daher ausreichend Zeit zur Vorbereitung auf die Prüfung ein – am besten von Anfang an.
- Üben Sie ausreichend mithilfe der Original-Prüfungsaufgaben der vergangenen Jahre. Diese erhalten Sie entweder von ihrem Lehrgangsträger oder direkt im DIHK-Bildungs-Shop.
- Trainieren Sie den Umgang mit den speziellen Funktionen des Taschenrechners (sehr wichtig z. B. für statistische Berechnungen).
- Machen Sie sich mit der offiziellen IHK-Formelsammlung vertraut, denn diese ist das einzige erlaubte Hilfsmittel während der Prüfung (neben dem Taschenrechner natürlich).
- Denken Sie im Hinblick auf die Prüfung daran, dass die 90 Minuten Prüfungszeit sehr knapp bemessen sind. Bearbeiten Sie also anfangs nur Aufgaben, bei denen Sie sich sicher fühlen und die sie lösen können. Die „schwierigen bzw. neuen Aufgaben", welche in nahezu jeder Prüfung vorkommen, sollten Sie vorerst zurückstellen und erst am Ende lösen, wenn noch Zeit ist. Wichtig ist, dass Sie durch das Lösen der bekannten Aufgaben möglichst schnell auf die notwendigen 50 Punkte kommen. Falls Sie die Aufgaben jedoch der Reihe nach bearbeiten und sich in eine der schwierigen Aufgaben „verbeißen" und dadurch bei dieser sehr viel Zeit verlieren, könnte es sein, dass sie in Zeitnot geraten und so auch bekannte oder vermeintlich einfache Aufgaben nicht mehr bearbeiten können. Stellen Sie also in der Prüfung schwierige bzw. unbekannte Aufgaben erst einmal zurück, so können Sie in möglichst kurzer Zeit viele Punkte sammeln und so die Prüfung erfolgreich absolvieren.

2. Grundrechenarten, Prozentrechnen, Brüche

Das Beherrschen der Grundrechenarten, inkl. Prozent-, Bruch- und Potenzrechnung, wird für sehr viele Aufgaben benötigt. Daher stehen diese Themen am Anfang dieses Buchs.

2.1 Plus, Minus, Mal, Geteilt

Die Grundrechenarten sollen anhand einiger Beispiele und Aufgaben wiederholt werden. Auch wenn sie einfach erscheinen und mit Sicherheit von jedem Teilnehmer schon „tausend Mal" angewandt wurden, ist eine Wiederholung der wichtigsten Rechenregeln sinnvoll, damit diese wieder sicher angewendet werden können und hier keine „Leichtsinnsfehler" passieren.

Beispiel

Die Berechnung von 22 + 17 = 39 oder 123 - 58 = 65 wird wohl die wenigsten vor Probleme stellen. Aber etwas komplizierter wird es, wenn mehrere Rechenoperationen in einer Aufgabe kombiniert sind, also z. B. 15 - 6 • 2.

Würde man hier „der Reihe nach" vorgehen, also zuerst 15 - 6 rechnen, käme man hier auf 9 und dieses Zwischenergebnis dann mit 2 multipliziert würde als Ergebnis 18 ergeben. Diese Berechnung ist jedoch falsch, da hier die **Grundregel „Punkt vor Strich"** gilt, das bedeutet multipliziert oder dividiert kommt vor plus oder minus.

Im Beispiel müssen wir also zuerst 6 • 2 = 12 berechnen und dann anschließend 15 - 12 = 3. Das korrekte Ergebnis der Aufgabe 15 - 6 • 2 lautet also 3.

Eine **weitere Grundregel lautet „die Klammer zuerst"**. Das bedeutet, falls in einer Rechnung eine Klammer vorhanden ist, wird diese auch zuerst berechnet, unabhängig von der oben angegebenen Punkt-vor-Strich-Regel. Eine Aufgabe hierzu könnte z. B. lauten: 3 • 8 : (6 - 4) = ?

Würde diese Berechnung ohne die Klammer durchgeführt, dann wäre die korrekte Reihenfolge: 3 • 8 = 24, dann 24 : 6 = 4 und schließlich 4 - 4 = 0

Da aber in der Aufgabe eine Klammer vorhanden ist, lauten die Berechnungsschritte in der korrekten Reihenfolge:

- Zuerst die Klammer, also 6 - 4 = 2 (Klammerergebnis) berechnen,
- anschließend 3 • 8 = 24 (Zwischenergebnis) berechnen und
- zuletzt die Berechnung 24 (Zwischenergebnis) : 2 (Klammerergebnis) = 12 (Endergebnis) durchführen.

MERKE

Es lassen sich also folgende Regeln zu den Grundrechenarten festhalten:

- Wenn in einer Aufgabe eine Klammer vorhanden ist, wird diese zuerst gerechnet („Klammer zuerst").
- Danach werden Multiplikation und Division gerechnet („Punkt vor Strich").
- Als letztes werden Addition und Subtraktion durchgeführt.

Bearbeiten Sie die nachfolgenden Übungsaufgaben, um die Anwendung der Rechenregeln zu trainieren:

Aufgabe 1:

5 + 7 • 3 = **?**

Lösung s. Seite 87

Aufgabe 2:

44 - 3 • 8 = **?**

Lösung s. Seite 87

Aufgabe 3:

50 + 20 : 5 = **?**

Lösung s. Seite 87

Aufgabe 4:

(4 + 7) • 6 = **?**

Lösung s. Seite 87

Aufgabe 5:

5 • 7 : (2 + 3) = **?**

Lösung s. Seite 87

Aufgabe 6:

8 + 3 • (10 - 3) = **?**

Lösung s. Seite 87

Aufgabe 7:

(4 + 5) : (6 - 3) = **?**

Lösung s. Seite 88

Aufgabe 8:

8 : (9 - 7) + 5 = **?**

Lösung s. Seite 88

Aufgabe 9:

12 - (2 + 1) • 2 = **?**

Lösung s. Seite 88

Aufgabe 10:

(12 - 8) + (7 - 3) : 2 = **?**

Lösung s. Seite 88

2.2 Prozentrechnung

Da die Prozentrechnung zur Lösung vieler Aufgaben vorausgesetzt wird, wollen wir uns hier die Anwendung und die verschiedenen Berechnungsmöglichkeiten ansehen. Grundsätzlich bedeutet Prozent nichts anderes, als „von Hundert". Das heißt, dass z. B. 19 % Mehrwertsteuer genau 19 € von einem Netto-Umsatz von 100 € entsprechen. Zunächst müssen einige Formeln zur Berechnung betrachtet werden, um anschließend einige Beispiele berechnen zu können. Wenn z. B. von den 30 Teilnehmern eines Meisterkurses (Grundwert) 6 Personen weiße Schokolade mögen (Prozentwert), dann entspricht dies 20 % (Prozentsatz).

Berechnungsformeln

Wie in dem Beispiel oben, kennen wir oft zwei dieser drei o. g. Begriffe und suchen den dritten. Deshalb gibt es für jeden dieser Fälle eine Formel:

Prozentsatz

$$\text{Prozentsatz} = \frac{\text{Prozentwert}}{\text{Grundwert}} \cdot 100\ \%$$

Der Prozentsatz ist der Anteil am Ganzen in Prozent (im Beispiel 20 %). Er ist hier die Antwort auf die Frage: *„Wie viel Prozent der Teilnehmer mögen weiße Schokolade, wenn es 6 Teilnehmer von 30 Teilnehmern sind?"*

Prozentwert

$$\text{Prozentwert} = \frac{\text{Prozentsatz}}{100\,\%} \cdot \text{Grundwert}$$

Der Prozentwert ist die absolute Größe des Teils vom Grundwert (im Beispiel 30). Er ist hier die Antwort auf die Frage: *„Wie viele Teilnehmer sind 20 % von 30 Teilnehmern?“*

Grundwert

$$\text{Grundwert} = \frac{\text{Prozentwert}}{\text{Prozentsatz}} \cdot 100\,\%$$

Der Grundwert steht für das Ganze, das 100 % entsprechen soll (im Beispiel die gesamte Klasse, also 30 Teilnehmer).

Er ist hier die Antwort auf die Frage: *„Wenn 20 % der Meisterklasse weiße Schokolade mögen und es genau 6 Teilnehmer sind, wie viele Teilnehmer hat dann die ganze Klasse?“*

MERKE

- **Grundwert:** Das Ganze gibt den Grundwert an, das entspricht 100 %.
- **Prozentsatz:** Der Prozentsatz gibt an, welcher Anteil vom Ganzen zu bilden ist.
- **Prozentwert:** Der Prozentwert gibt an, wie groß der Anteil ist.

Aufgabe 11:

30 % von 500 kg = **?**

Lösung s. Seite 88

Aufgabe 12:

Wie viel Prozent sind 50 kg von 300 kg?

Lösung s. Seite 88

Aufgabe 13:

Ein 25 m langer Abschnitt eines Seils entspricht 20 %. Wie lang war das ganze Seil (= 100 %)?

Lösung s. Seite 89

Aufgabe 14:

Ein Mieter muss für seine Wohnung 28 % seines Lohnes bezahlen. Er verdient 1.900 €, wie hoch ist seine Miete?

Lösung s. Seite 89

Aufgabe 15:

Ein Facharbeiter spart jeden Monat 150 € von seinem Verdienst von 1.800 € für die jährliche Urlaubsreise. Wie viel Prozent entspricht dies?

Lösung s. Seite 89

Aufgabe 16:

Von einer Lieferung sind 178 Bauteile fehlerhaft, dies entspricht 1,7 %. Wie viele Bauteile umfasste die Lieferung?

Lösung s. Seite 89

Aufgabe 17:

Wenn ein Pkw in den ersten zwei Jahren 28 % seines Neupreises von 49.900 € verliert, wie viel Euro bekommt der Verkäufer, wenn er ihn nach zwei Jahren verkauft?

Lösung s. Seite 90

Aufgabe 18:

Auf ein Bearbeitungszentrum erhalten Sie 7,5 % Messerabatt auf den Listenpreis von 650.000 €. Welchem Rabatt in Euro entspricht das?

Lösung s. Seite 90

Aufgabe 19:

Ein Schichtleiter erhält bisher 1.970 €. Nun erhält er eine Lohnerhöhung von 2,8 %. Wie viel verdient er zukünftig?

Lösung s. Seite 90

Aufgabe 20:

Ein Facharbeiter verdient 1.854 € nachdem er eine Lohnerhöhung von 3 % erhalten hat. Wie viel verdiente er vorher?

Lösung s. Seite 90

2.3 Bruchrechnen

Das Rechnen mit Brüchen ist wohl keinem in seiner Schulzeit erspart geblieben. Da man es jedoch im alltäglichen Leben selten benötigt, werden hier noch einmal die wichtigsten Regeln der Bruchrechnung wiederholt.

MERKE

- Die Zahl oben ist der **Zähler**.
- Die Zahl unten ist der **Nenner**.
- Dazwischen wird jeweils ein **Bruchstrich** gezogen.

Allgemein: Der Bruch hat die gleiche Bedeutung wie die von der Division gewohnte Schreibweise: 3 : 4.

Brüche addieren bzw. subtrahieren

Schritt 1: Brüche auf einen Nenner bringen
Um Brüche addieren/subtrahieren zu können, müssen beide denselben Nenner haben. Zur Erinnerung: Der Nenner ist das, was „unten" steht beim Bruch. Und der muss – wie eben schon gesagt – für beide gleich sein. Wichtig dabei ist: Der Wert des Bruchs darf sich nicht ändern. Dabei hilft folgendes Wissen: 1 von 2 gleich großen Stücken von einem Kuchen ist gleich viel wie 2 von 4 gleich großen Stücken eines Kuchens. Es folgt ein kleines Beispiel, anhand dessen die Lösung gezeigt werden soll.

Es soll $\frac{1}{2} + \frac{3}{4}$ auf einen Nenner gebracht werden.

Die beiden Nenner werden miteinander multipliziert. Da 2 • 4 bekanntlich 8 ist, ist der Nenner für die neuen Brüche 8.

Der Zähler des ersten Bruchs wird mit dem Nenner des zweiten Bruches multipliziert. Damit ergibt sich 1 • 4 = 4. Diese 4 ist der neue Zähler des ersten Bruches.

Der Zähler des zweiten Bruchs wird mit dem Nenner des ersten Bruchs multipliziert. 2 • 3 = 6. Diese 6 ist der neue Zähler des zweiten Bruches.

Die Berechnung lautet also $\frac{4}{8} + \frac{6}{8} = \frac{10}{8}$ (siehe nächster Schritt).

Schritt 2: Brüche addieren
Hat man den Bruch erst einmal auf einen Nenner gebracht, ist das Addieren der Brüche ganz einfach. Das folgende Beispiel zeigt, wie dies funktioniert.

$$\frac{2}{7} + \frac{4}{3} = \frac{6}{21} + \frac{28}{21} = \mathbf{\frac{34}{21}}$$

So funktioniert die Addition:

- Die beiden Zähler werden addiert und ergeben den Ergebniszähler.
- Die Nenner sind überall gleich.

Es ist also ganz simpel: Einfach die Zähler addieren und das war es auch schon. Der Nenner bleibt.

Schritt 3: Brüche kürzen
Hat man Schritt 1 und Schritt 2 der Addition von Brüchen richtig durchgeführt, sollte man das richtige Ergebnis berechnet haben. Nun gibt es jedoch oft die Möglichkeit, dieses noch zu vereinfachen, wie im folgenden Beispiel:

Je kleiner die Zahlen sind, desto einfacher. Deshalb kürzt man die Brüche. Dies funktioniert, wenn Zähler und Nenner durch die gleiche Zahl ohne Rest teilbar sind.

$$\frac{4}{16} + \frac{4}{8} = \frac{4}{16} + \frac{8}{16} = \frac{12}{16} = \mathbf{\frac{3}{4}}$$

Brüche multiplizieren bzw. dividieren

Die **Multiplikation von Brüchen** ist einfach:

- Zähler wird mit Zähler multipliziert.
- Nenner wird mit Nenner multipliziert.

Im folgenden Beispiel wird dies dargestellt:

$$\frac{5}{8} \cdot \frac{6}{3} = \frac{30}{24} = \mathbf{\frac{5}{4}}$$

Nachdem wir uns bereits mit den Grundlagen der Bruchrechnung, der Addition von Brüchen, der Subtraktion von Brüchen und auch Multiplikation von Brüchen beschäftigt haben, geht es nun an die **Division von Brüchen**. Für die Division von Büchen bedient man sich des sog. Kehrwertes. Dies bedeutet einfach ausgedrückt: Der zweite Bruch wird umgedreht, d. h. Zähler und Nenner werden getauscht. Für alle, die sich das noch nicht ganz vorstellen können, folgt nun ein Beispiel:

$$\frac{5}{8} : \frac{6}{3} = \frac{5}{8} \cdot \frac{3}{6} = \frac{15}{48} = \mathbf{\frac{5}{16}}$$

MERKE

So funktioniert die **Division von Brüchen:**

- Der erste Bruch bleibt wie er ist.
- Statt dem „:" wird ein „•" geschrieben.
- Der zweite Bruch wird umgedreht: Zähler und Nenner werden vertauscht.
- Die beiden „neuen" Brüche werden multipliziert: Zähler mal Zähler und Nenner mal Nenner.
- Das Ergebnis wird – wenn möglich – gekürzt.

Hier nun einige Übungsaufgaben, um das Rechnen mit Brüchen zu trainieren.

Aufgabe 21:

$\frac{5}{8} \cdot \frac{6}{3} = ?$

Lösung s. Seite 91

Aufgabe 22:

Schreibe $\frac{7}{5}$ als Dezimalzahl.

Lösung s. Seite 91

Aufgabe 23:

$\frac{3}{8} + \frac{4}{8} = ?$

Lösung s. Seite 91

Aufgabe 24:

$\frac{5}{8} : \frac{6}{3} = ?$

Lösung s. Seite 91

Aufgabe 25:

Wieviel sind $\frac{12}{8}$ von 300 €?

Lösung s. Seite 92

Aufgabe 26:

$$\frac{5}{4} \cdot \frac{6}{12} = ?$$

Lösung s. Seite 92

Aufgabe 27:

$$\frac{5}{8} - \frac{6}{3} = ?$$

Lösung s. Seite 92

Aufgabe 28:

$$\frac{5}{12} + \frac{12}{5} = ?$$

Lösung s. Seite 92

Aufgabe 29:

$$\frac{10}{2} \cdot \frac{2}{10} = ?$$

Lösung s. Seite 92

Aufgabe 30:

$$\frac{10}{2} : \frac{2}{10} = ?$$

Lösung s. Seite 93

2.4 Potenzrechnung

Was ist eine Potenz? Ganz einfach gesagt ist eine Potenz eine Abkürzung für eine Multiplikation. Dies kann beispielweise so aussehen:

$2^2 = 2 \cdot 2$

$2^3 = 2 \cdot 2 \cdot 2$

$2^4 = 2 \cdot 2 \cdot 2 \cdot 2$

Begriffe Potenzen

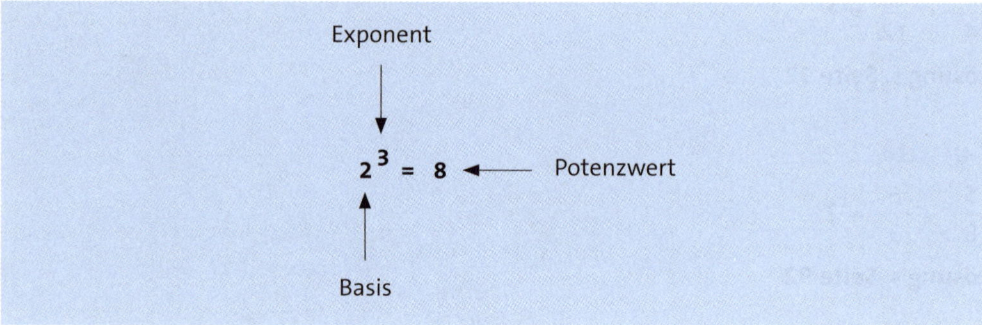

Sehen wir uns noch die Begriffe zu Potenzen an.

- Die große Zahl unten bezeichnet man als **Basis** oder auch Grundzahl.
- Die kleine Zahl oben wird als Exponent oder Hochzahl bezeichnet.
- Das Ergebnis der Berechnung nennt man Potenzwert.

Wie kann man nun mit Potenzen rechnen? Dazu sehen wir uns erst einmal einige einfache Beispiele an.

$4^3 = 4 \cdot 4 \cdot 4 = \mathbf{64}$

An diesem einfachen Beispiel sieht man die Bedeutung der Hochzahl. Die Basiszahl wird so oft (mit sich selbst) multipliziert, wie es die Hochzahl ausdrückt. Hier muss die Zahl 4 also dreimal stehen. Man kann vereinfacht gesagt festhalten, die Hochzahl gibt an, wie oft die Basis in der Multiplikation vorhanden sein muss, also z. B.:

$2^2 = 2 \cdot 2 = \mathbf{4}$

Hier ist die Hochzahl 2, dies bedeutet, dass die Basis (hier auch 2) eben zweimal (zur Multiplikation) vorhanden sein muss.

$5^4 = 5 \cdot 5 \cdot 5 \cdot 5 = \mathbf{625}$

Hier ist die Basis 5 und die Hochzahl 4, daher muss die Zahl 5 viermal zur Multiplikation vorhanden sein, was 625 ergibt.

$6^2 = 6 \cdot 6 = \mathbf{36}$

Hier ist die Basis 6 und die Hochzahl 2, die Zahl 6 muss also zweimal zur Multiplikation vorhanden sein. Das Ergebnis ist daher 36.

Aufgabe 31:

Schreiben Sie folgende Zahl in Zehnerpotenzen: 3.250.000.

Lösung s. Seite 93

Aufgabe 32:

Welche Zahl entspricht 2^8?

Lösung s. Seite 93

Aufgabe 33:

Berechnen Sie $10^4 + 10^5$.

Lösung s. Seite 93

Aufgabe 34:

Berechnen Sie das Ergebnis von $2^3 + 5^4$.

Lösung s. Seite 93

Aufgabe 35:

Berechnen Sie das Ergebnis von: $5^2 - 2^3$.

Lösung s. Seite 93

Aufgabe 36:

Schreiben Sie $5 \cdot 5 \cdot 5 \cdot 5 \cdot 5 \cdot 5$ in Potenzschreibweise.

Lösung s. Seite 94

Aufgabe 37:

Schreiben Sie 9^4 in ausführlicher Schreibweise, also als $9 \cdot 9 \cdot$...

Lösung s. Seite 94

Aufgabe 38:

Berechnen Sie das Ergebnis von $5^4 + 9^3$.

Lösung s. Seite 94

Aufgabe 39:

Geben Sie das Ergebnis der Berechnung $4^7 + 6^5$ als Zehnerpotenz an.

Lösung s. Seite 94

Aufgabe 40:

Welche Zahl steckt hinter der Zehnerpotenz $3{,}25 \cdot 10^4$?

Lösung s. Seite 94

2.5 Radizieren (Wurzel ziehen)

Wofür benötigt man das Radizieren bzw. Wurzelziehen überhaupt? Die Grundüberlegung lautet: Welche Zahl muss man mit einem vorgegebenen Exponenten potenzieren (siehe >> Kapitel 2.4 Potenzrechnung), um eine vorgegebene Zahl zu erhalten. Diese Überlegung führt zu einer **Umkehrung des Potenzierens**, welches von uns im Folgenden als „Radizieren" bezeichnet wird. Es ist also die Gegenoperation des im vorherigen Kapitel durchgeführten Potenzierens.

Beginnen wir mit der allgemeinen Darstellung. Diese sieht wie folgt aus:

$$a = \sqrt[n]{c}$$

Dabei bezeichnet:

- **n** den Wurzelexponent
- **c** den Radikand
- **a** den Wurzelwert.

Wurzeln mit dem Wurzelexponenten 2 heißen Quadratwurzeln. Wird bei einem Wurzelausdruck kein Wurzelexponent angegeben, ist dieser automatisch 2. Neben den Variablen a, n und c sieht man in dieser Darstellung auch schon das Zeichen für die Wurzel.

Wie bereits erwähnt, ist das Radizieren die Umkehrung des Potenzierens. Mit diesem Wissen gehen wir nun an eine Reihe von Beispielen heran:

$2^2 = 4$ und genauso ist $\sqrt{4} = 2$

$5^2 = 25$ und genauso ist $\sqrt{25} = 5$

$6{,}77^2 = 45{,}83$ und genauso ist $\sqrt{45{,}83} = 6{,}77$

MERKE

Es gibt nur wenige Zahlen, bei denen das Ziehen der Wurzel einfach ist. Dies sind die Zahlen 1, 4, 9, 16, 25 usw., da beim Ziehen aus diesen Wurzeln eine natürliche (ganze) Zahl herauskommt. Bei komplizierteren Aufgaben (wie z. B. $\sqrt{76{,}27}$) empfiehlt sich der Einsatz eines Taschenrechners.

Aufgabe 41:

$\sqrt{36} =$ **?**

Lösung s. Seite 95

Aufgabe 42:

$\sqrt{4} + \sqrt{100} =$ **?**

Lösung s. Seite 95

Aufgabe 43:

$\sqrt{5^2} =$ **?**

Lösung s. Seite 95

Aufgabe 44:

Berechnen Sie die Wurzel aus dem Ergebnis von 37 + 27.

Lösung s. Seite 95

Aufgabe 45:

Nachdem eine Zahl zweimal hintereinander quadriert wurde, ist das Ergebnis 81. Welches war die Ausgangszahl?

Lösung s. Seite 95

3. Umrechnungen

Da in praktisch jeder NTG-Prüfung in mehreren Aufgaben Umrechnungen durchgeführt werden müssen, ist es besonders wichtig, hier eine gewisse Routine und Sicherheit zu haben, um keine Punkte zu verlieren. Es geht hier darum, verschiedene physikalische Größen in andere Einheiten umrechnen zu können.

3.1 Umrechnen von Längen, Flächen und Volumina

Zuerst muss überlegt werden, ob es sich um eine Längenangabe, eine Flächenangabe oder eine Volumenangabe handelt. Dies ist wichtig, um die Umrechnungen korrekt durchführen zu können. Die folgenden Beispiele sollen dies verdeutlichen:

Im **Längenbereich** (man spricht auch vom eindimensionalen Bereich) erfolgen Umrechnungen recht einfach.

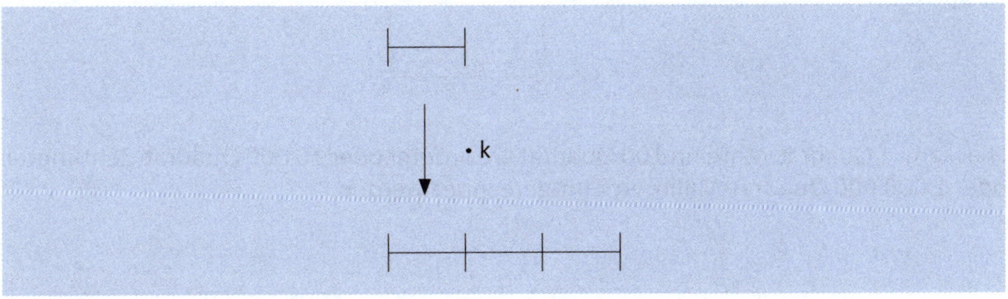

1 Meter kann also in 10 Dezimeter oder 100 Zentimeter oder 1.000 Millimeter umgerechnet werden.

Im **Flächenbereich** verhält es sich anders, da hier eine zweite Dimension, also neben der Länge auch noch die Breite hinzukommt.

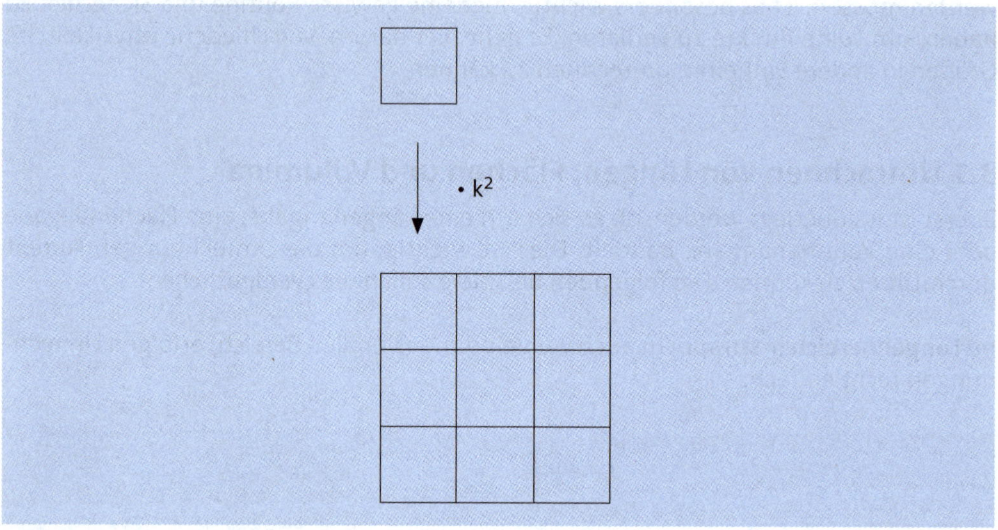

Hier kann 1 Quadrat-Meter in 100 Quadrat-Dezimeter oder 10.000 Quadrat-Zentimeter oder 1.000.000 Quadrat-Millimeter umgerechnet werden.

Noch einmal anders ist es im **Volumenbereich** (also im dreidimensionalen Bereich) da hier zu Länge und Breite auch noch die Höhe hinzukommt.

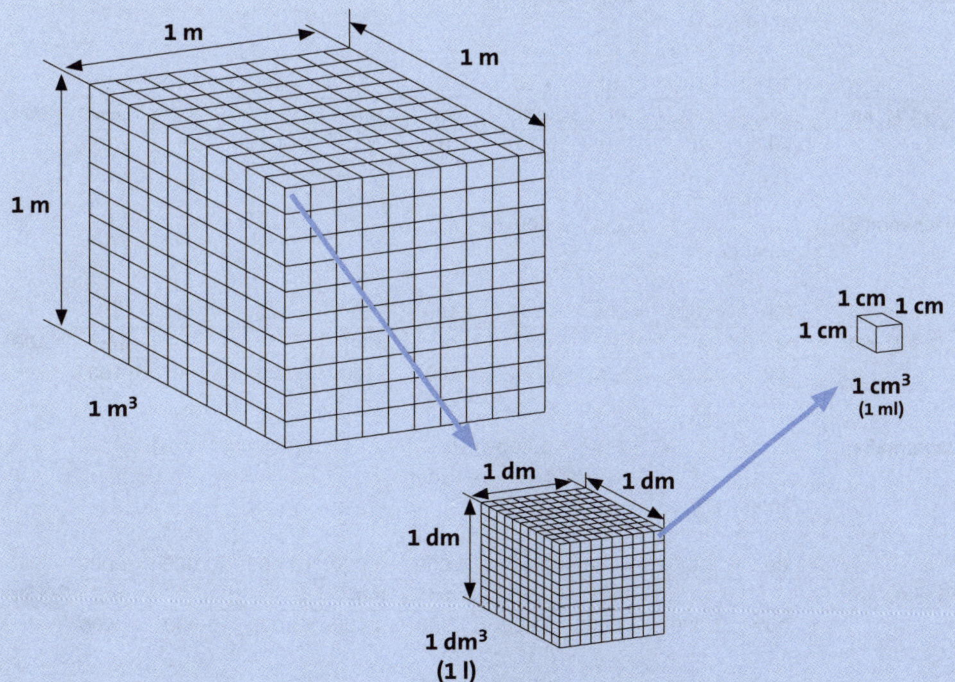

$1\ m^3 = 1.000\ dm^3$
$1\ dm^3 = 1.000\ cm^3 = 1\ l$
$1\ cm^3 = 1\ ml$

Hier kann 1 Kubik-Meter in 1.000 Kubik-Dezimeter oder 1.000.000 Kubik-Zentimeter oder 1.000.000.000 Kubik-Millimeter umgerechnet werden.

Zusammenfassend kann also gesagt werden:

Längenmaße: 1 m = **10** dm

Zahlenwerte

		· 10	· 10	· 10	· 10	· 10	· 10	· 10	· 10	· 10	
: 10	**km**			**m**	**dm**	**cm**	**mm**			**µm**	· 10
		: 10	: 10	: 10	: 10	: 10	: 10	: 10	: 10	: 10	

Flächenmaße: 1 m² = **100** dm²

Zahlenwerte

		· 100	· 100	· 100	· 100	· 100	· 100	· 100	· 100	· 100	
: 100	**km²**	**ha**	**a**	**m²**	**dm²**	**cm²**	**mm²**			**µm²**	**· 100**
		: 100	: 100	: 100	: 100	: 100	: 100	: 100	: 100	: 100	

Raummaße: 1 m³ = **1.000** dm³

1 dm³ = 1 Liter

Zahlenwerte

		· 1.000	· 1.000	· 1.000	· 1.000	· 1.000	· 1.000	· 1.000	· 1.000	· 1.000	
: 1.000	**km³**			**m³**	**dm³**	**cm³**	**mm³**			**µm³**	**· 1.000**
		: 1.000	: 1.000	: 1.000	: 1.000	: 1.000	: 1.000	: 1.000	: 1.000	: 1.000	
					1 Liter	ml					

Aufgabe 1:

Wie viele Millimeter (mm) sind 176 cm?

Lösung s. Seite 97

Aufgabe 2:

Wie vielen Dezimetern (dm) entsprechen 2.058 mm?

Lösung s. Seite 97

Aufgabe 3:

Eine Fläche von 17 cm² entspricht wie vielen Quadrat-Millimetern (mm²)?

Lösung s. Seite 97

Aufgabe 4:

Ein Grundstück ist 940 m² groß. Wie vielen Quadrat-Kilometern (km²) entspricht dies?

Lösung s. Seite 97

Aufgabe 5:

Die Matratze eines Bettes ist 2 m lang und 1,4 m breit. Wie viele Quadrat-Meter (m^2) Fläche hat diese Matratze?

Lösung s. Seite 97

Aufgabe 6:

Ein Volumen von 1 Kubik-Dezimeter (dm^3) entspricht wie vielen Kubik-Millimetern (mm^3)?

Lösung s. Seite 98

Aufgabe 7:

Ein rechteckiger Wasserbehälter mit einer Länge von 50 cm, einer Breite von 30 cm und einer Höhe von 20 cm ist randvoll gefüllt. Wie vielen Litern (= dm^3) Wasser entspricht das?

Lösung s. Seite 98

Aufgabe 8:

Wie viele Liter Wasser kann ein Eimer mit einem Durchmesser von 0,5 m und einer Höhe von 70 cm aufnehmen?

Lösung s. Seite 98

Aufgabe 9:

Ein rechteckiger Behälter soll 100 Liter aufnehmen können. Wie hoch muss er sein, wenn er eine Länge von 60 cm und eine Breite von 40 cm besitzt?

Lösung s. Seite 98

Aufgabe 10:

Ein kreisrunder Eimer, welcher 10 Liter Inhalt besitzen soll, ist 30 cm hoch. Welchen Durchmesser (in cm) muss der Eimer haben?

Lösung s. Seite 99

3.2 Geometrische Grundlagen

Bei technischen Berechnungen interessiert man sich immer wieder für die Größe von Winkeln und die Länge von Seiten des Dreiecks. Mit den Winkelfunktionen Sinus, Cosinus oder auch Tangens kann man diese Größen häufig recht einfach berechnen. Werfen wir dazu zunächst einen Blick auf ein **rechtwinkliges Dreieck:**

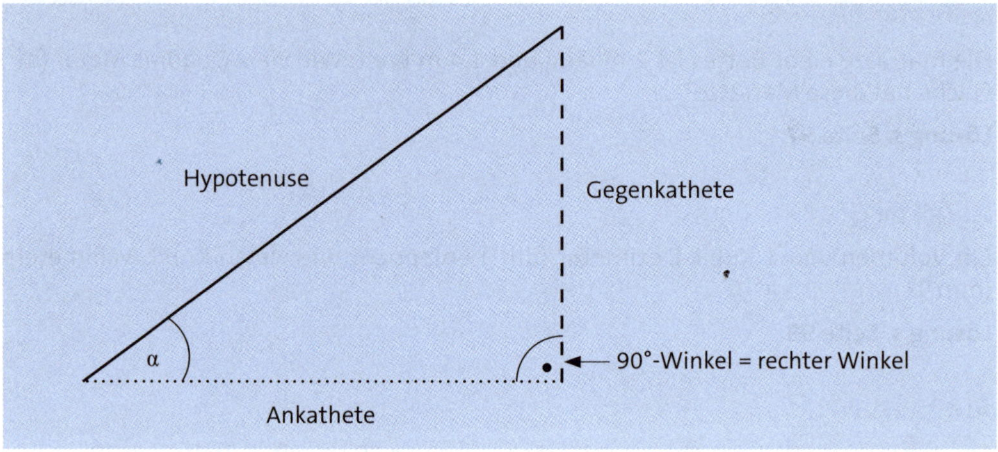

Um die Winkelfunktionen verwenden zu können, muss man wissen wo sich Ankathete, Gegenkathete und Hypotenuse befinden.

Die Begriffe beziehen sich auf den Winkel Alpha (α):

- **Hypotenuse:**

  Die Hypotenuse ist die längste Seite in einem rechtwinkligen Dreieck, sie liegt dem rechten Winkel gegenüber.

- **Gegenkathete:**

  Die Gegenkathete liegt gegenüber dem Winkel Alpha (α), daher der Name Gegenkathete.

- **Ankathete:**

  Die Ankathete liegt am Winkel Alpha (α), daher der Name Ankathete.

MERKE

Die Hypotenuse ist die längste Seite, die Ankathete liegt direkt am gewünschten Winkel und die Gegenkathete gegenüber von diesem Winkel. Die Winkelfunktionen werden am rechtwinkligen Dreieck verwendet.

Kennt man die Katheten und die Hypotenuse kann man den Winkel mit den Gleichungen/Formeln zu Sinus, Cosinus und Tangens berechnen.

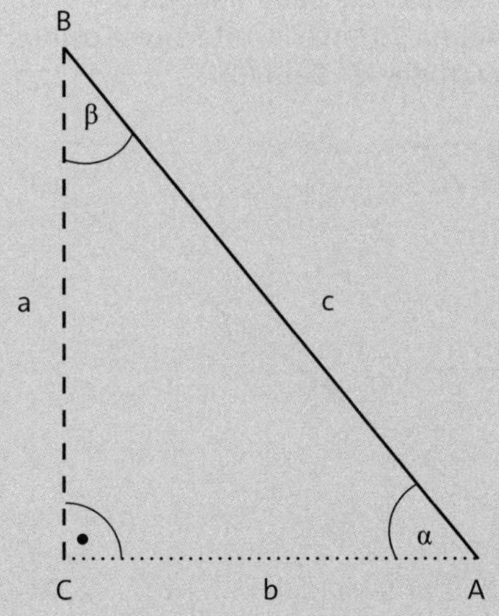

$0° < \alpha < 90°$

$$\sin \alpha = \frac{a}{c} = \frac{\text{Gegenkathete}}{\text{Hypotenuse}}$$

$$\cos \alpha = \frac{b}{c} = \frac{\text{Ankathete}}{\text{Hypotenuse}}$$

$$\tan \alpha = \frac{a}{b} = \frac{\text{Gegenkathete}}{\text{Ankathete}}$$

$$\cot \alpha = \frac{b}{a} = \frac{\text{Ankathete}}{\text{Gegenkathete}}$$

Beispiel

Winkelfunktionen
Ein rechtwinkliges Dreieck besitzt die Seitenlängen a = 3 cm, b = 4 cm und c = 5 cm. Berechnen Sie den Winkel Alpha (α) jeweils mit Sinus, Cosinus und Tangens. Berechnen Sie im Anschluss die Winkelgröße von Beta (β).

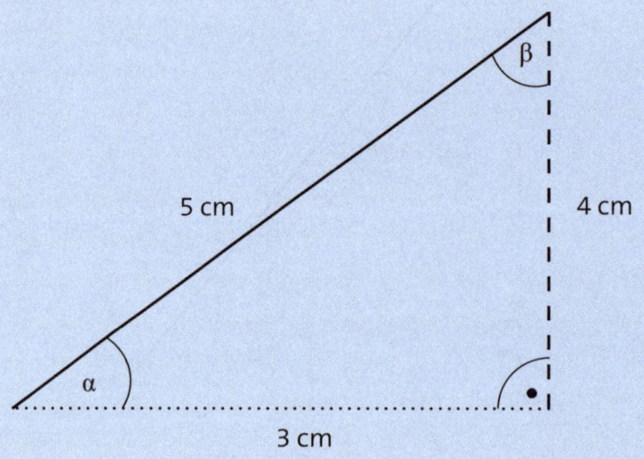

Lösung:
Wir möchten den Winkel Alpha (α) berechnen. Daher müssen wir zunächst herausfinden wo sich Ankathete, Gegenkathete und Hypotenuse befinden.

Die Hypotenuse ist die längste Seite. Die Seite mit der durchgehenden Linie ist damit die Hypotenuse. Die Ankathete ist die Kathete direkt am Winkel Alpha (α), also die Seite mit der gepunkteten Linie in unserer Grafik.

Die Gegenkathete liegt gegenüber dem Winkel Alpha (α) (daher Gegenkathete), ist damit die Seite mit der gestrichelten Linie.

Starten wir mit der Winkelfunktion Sinus.
Die Formel besagt, dass wir zunächst die Gegenkathete und die Hypotenuse brauchen. Diese sind 4 cm (gestrichelte Linie) und 5 cm (durchgehende Linie) lang. Wir setzen dies in die Gleichung ein und berechnen dies zu 0,8. Dies ist das Verhältnis von Gegenkathete zu Hypotenuse. Und dieses Verhältnis ist das Ergebnis der Berechnung des Sinus vom Winkel Alpha. Wir möchten jedoch nicht den Sinus von Alpha berechnen, sondern nur den Winkel Alpha (α). Dazu benötigen wir die Umkehrung von „sin“ welche man als arcsin oder $\sin^{-1}$ bezeichnet. Die meisten Taschenrechner haben eine entsprechende Taste um dies zu berechnen. Diese verwenden wir und berechnen den arcsin von 0,8 mit dem Taschenrechner. Der Winkel Alpha (α) ist damit 53,13° groß.

Achtung:
Der Taschenrechner muss für die korrekte Berechnung auf DEG (bedeutet degree, also Grad) gestellt werden.

Die Winkelfunktion Cosinus ist die zweite Möglichkeit den Winkel zu berechnen.
Wir benötigen dazu die Länge der Ankathete und der Hypotenuse. Diese sind laut unserer Grafik 3 cm und 5 cm lang. Berechnen wir den Bruch erhalten wir 0,6. Wir suchen wieder den Winkel Alpha (α) und nicht den Cosinus von Alpha. Daher benötigen wir die Umkehrung von „cos" welche man als arccos oder $\cos^{-1}$ bezeichnet. Die meisten Taschenrechner haben eine entsprechende Taste für die Berechnung. Diese verwenden wir und berechnen den arccos von 0,6. Der Winkel Alpha (α) ist damit 53,13° groß.

Achtung:
Wie schon vorher, achten Sie darauf, dass der Taschenrechner auf DEG steht.

Fehlt uns noch die Winkelfunktion Tangens.
Dazu brauchen wir die Länge der Gegenkathete und der Ankathete. Diese sind 4 cm und 3 cm lang. Der Bruch ergibt 1,333. Auch hier suchen wir nicht den Tangens von Alpha, sondern nur den Winkel Alpha (α). Die Umkehrung führen wir wieder mit arctan bzw. $\tan^{-1}$ durch. Den Taschenrechner auf DEG stellen und es ergibt sich erneut die Winkelgröße von 53,13°.

Den Winkel Beta (β) berechnen:
Die Summe aller Innenwinkel in einem Dreieck beträgt 180°. Wir haben einen rechten Winkel mit 90° und Alpha (α) wurde mit 53,13° berechnet. Der Rest entfällt auf Beta (β): Die Berechnung lautet also: 180° - 90° - 53,13° = 36,87°. Der Winkel Beta (β) ist also etwa 36,87° groß.

Tipp:
Mit den Winkelfunktionen Sinus, Cosinus und Tangens können auch die Längen der Seiten berechnet werden. Dazu müssen die Formeln/Gleichungen nach der Ankathete, Gegenkathete oder Hypotenuse umgestellt werden.

Wenn in obigem Beispiel also z. B. die Ankathete a = 8 cm lang ist und die Längen der Gegenkathete und der Hypotenuse berechnet werden sollen, dann müssen die bekannten Grundformeln umgestellt werden. Diese sind ebenfalls auch in den Formelsammlungen zu finden. Hier noch einmal in der Übersicht:

MERKE

$$\sin\alpha = \frac{a}{c} = \frac{\text{Gegenkathete}}{\text{Hypotenuse}}$$

$$\cos\alpha = \frac{b}{c} = \frac{\text{Ankathete}}{\text{Hypotenuse}}$$

$$\tan\alpha = \frac{a}{b} = \frac{\text{Gegenkathete}}{\text{Ankathete}}$$

$$\cot\alpha = \frac{b}{a} = \frac{\text{Ankathete}}{\text{Gegenkathete}}$$

Im rechtwinkligen Dreieck ist es mithilfe des Pythagoras-Satzes möglich die Länge der dritten Seite zu berechnen, wenn die anderen zwei bekannt sind. Der Satz des Pythagoras lautet: Die Summe der Kathetenquadrate ist gleich dem Hypotenusenquadrat.

$$a^2 + b^2 = c^2$$

a und b stehen hier für die An- und die Gegenkathete, c für die Hypotenuse.

TIPP

Noch ein Hinweis vorab: Zur Lösung der Aufgaben ist es häufig sehr hilfreich, sich eine Skizze anzufertigen.

Aufgabe 11:

Welcher Winkel Alpha (α) liegt bei einer Länge von 5 cm für die Ankathete und 8 cm für die Hypotenuse vor?

Lösung s. Seite 99

Aufgabe 12:

Was besagt ein Sinus von 45°?

Lösung s. Seite 100

Aufgabe 13:

Was bedeutet ein Cosinus von 45°?

Lösung s. Seite 100

Aufgabe 14:

Was besagt ein Tangens von 45°?

Lösung s. Seite 100

Aufgabe 15:

Welche Länge hat die Hypotenuse eines rechtwinkligen Dreiecks, wenn die Ankathete 12 cm und die Gegenkathete 15 cm lang sind?

Lösung s. Seite 100

Aufgabe 16:

Die Hypotenuse eines rechtwinkligen Dreiecks ist 20 cm lang. Die Ankathete ist 10 cm lang, wie lang ist die Gegenkathete?

Lösung s. Seite 101

Aufgabe 17:

Wenn die Ankathete 12 cm lang ist und der Winkel α zwischen Ankathete und Hypotenuse 60° beträgt, wie lang ist dann die Gegenkathete?

Lösung s. Seite 101

Aufgabe 18:

Ein rechtwinkliges Dreieck hat einen Umfang von 12 cm. Die Ankathete ist 3 cm und die Hypotenuse 5 cm lang. Wie lang ist die Gegenkathete?

Lösung s. Seite 101

Aufgabe 19:

Wie lang muss die Hypotenuse sein in einem rechtwinkligen Dreieck mit der Ankathete von 2 cm und einer Gegenkathete von 3 cm?

Lösung s. Seite 102

Aufgabe 20:

Welchen Umfang besitzt ein rechtwinkliges Dreieck mit einer Ankathete von 5 cm und einer Gegenkathete von 7 cm?

Lösung s. Seite 102

4. Formeln umstellen

Zur Lösung nahezu jeder Prüfungsaufgabe ist es erforderlich, Formeln umstellen zu können. Sie bekommen zur Prüfung von der IHK die offizielle Formelsammlung, nur diese ist als Hilfsmittel in den Prüfungen zur Basisqualifikation erlaubt. Daher ist es äußerst wichtig, dass Sie sich im Unterricht und während der Prüfungsvorbereitung bestmöglich mit dieser Formelsammlung vertraut machen. Alle Formeln, welche Sie zur Lösung der Prüfungsaufgaben benötigen, sind in dieser Formelsammlung enthalten. Sie müssen jedoch in den allermeisten Fällen die Grundformel, wie sie in der Formelsammlung auftaucht, umstellen, also auf den aktuellen Fall „anpassen".

Grundsätzlich ist eine Formel immer im Stil einer Gleichung aufgebaut. Das bedeutet, dass gewöhnlich in der Mitte ein Gleichheitszeichen steht und links bzw. rechts davon stehen irgendwelche Zusammenhänge, welche gleichwertig sind. Das erscheint auf den ersten Blick kompliziert – vor allem bei längeren Formeln. Aber wenn Sie sich einige Grundregeln zum Arbeiten mit Formeln merken, ist es einfacher als gedacht.

Beginnen wir mit einem einfachen Beispiel für eine Gleichung: $4 + 4 = 8$

Dies bringt uns zur **ersten wichtigen Erkenntnis, die linke Seite der Gleichung** (hier $4 + 4$) **muss genauso groß sein, wie die rechte Seite der Gleichung** (hier 8). Dies ist wichtig, denn ansonsten dürfte kein Gleichheitszeichen zwischen der linken und rechten Seite stehen.

Ein anderes einfaches Beispiel hierzu: zwei 50 €-Scheine = ein 100 €-Schein. Auch diese Gleichung ist korrekt, denn bei jeder Bank bekommen Sie für zwei 50 €-Scheine einen 100 €-Schein oder andersherum.

Die **zweite wichtige Grundlage** bei der Arbeit mit Formeln ist: **Wir können eine Formel verändern, solange wir nur auf beiden Seiten dieselbe Änderung vornehmen.** Bleiben wir bei unserem obigen Beispiel $4 + 4 = 8$. Diese Gleichung können wir verändern, indem wir z. B. auf jeder Seite 5 addieren: $4 + 4 + 5 = 8 + 5$. Die Gleichung ist immer noch korrekt, denn $4 + 4 + 5$ ergibt 13, genauso wie auch $8 + 5$ ebenso 13 ergibt.

Oder aber wir teilen die Gleichung durch zwei: $2 + 2 = 4$. Hierbei ist wichtig, dass bei Multiplikation oder Division jeweils jeder Summand (also alle Zahlen oder Ausdrücke, die mit einem Plus- oder Minus-Zeichen verbunden sind) entsprechend multipliziert oder dividiert werden muss. Ausführlich bedeutet dieses also: $4 : 2 + 4 : 2 = 8 : 2$.

Ein weiteres Beispiel: Die Gleichung soll mit 10 multipliziert werden: $4 \cdot 10 + 4 \cdot 10 = 8 \cdot 10$. Auch diese Gleichung ist nach wie vor korrekt, ergibt sie doch $40 + 40 = 80$.

Es ist also möglich eine Gleichung bzw. eine Formel zu bearbeiten, man muss nur auf beiden Seiten des Gleichheitszeichens exakt dasselbe durchführen. Es ist dabei vollkommen egal, ob man etwas addiert, multipliziert, dividiert oder die Wurzel zieht (also radiziert) usw.

Der **dritte wichtige Grundsatz** im Umgang mit Gleichungen und Formeln lautet: **Die jeweilige Gegenoperation löst die Verbindung.**

Hierzu ein Beispiel: Häufig möchte man Brüche aus Gleichungen auflösen bzw. entfernen.

Wenn es also z. B. heißt: $\frac{2}{4} \cdot 8 = \mathbf{4}$

Dann stört der Bruch, also die $\frac{2}{4}$ die Gleichung.

Wie kann dieser nun entfernt werden? Wie oben schon gesagt, mit der jeweiligen Gegenoperation. Hier wird die 2 durch die 4 geteilt. Die Gegenoperation zu „geteilt durch 4“ ist „mal 4“. Es werden also beide Seiten der Gleichung mit 4 malgenommen. Als Ergebnis bekommt man:

$2 \cdot 8 = \mathbf{16}$

Wichtig ist, dass hier nur ein Teil der Multiplikation mit 4 multipliziert wird, also nur die

$\frac{2}{4}$ und nicht die 8 noch einmal.

Dies wäre nur dann nötig, wenn es sich um eine Addition

$\frac{2}{4} + 8$

oder Subtraktion

$\frac{2}{4} - 8$

handeln würde.

Klar wird dieser Unterschied an unserem einfachen Beispiel mit den Geldscheinen.

Beispiel

Wenn es heißt 3 • 50 €-Schein = 150 € und wir würden die Gleichung mit 4 multiplizieren, erhalten wir als Ergebnis 3 • 4 • 50 €-Schein = 150 € • 4. Dies ergibt 12 • 50 €-Schein = 600 € und das ist korrekt.

Wenn wir hier die 50 € auch noch mit 4 malnehmen würden, dann hätten wir 3 • 4 • 50 € • 4 = 150 € • 4, dies ergibt dann 12 • 200 € = 600 €, also 2400 € = 600 € und das ist selbstverständlich nicht korrekt.

Würde es aber z. B. heißen 3 • 50 € + 200 € = 350 € und wir möchten mit 4 multiplizieren, dann müssen wir hier 3 • 4 • 50 € + 200 € • 4 = 350 € • 4 rechnen, denn dies ergibt dann die korrekte Berechnung 600 € + 800 € = 1400 €.

Es macht also einen großen Unterschied, ob wir in einer Gleichung eine Addition/Subtraktion oder aber eine Multiplikation/Division vorliegen haben.

MERKE

Zusammenfassend lauten also die **Gesetze zum Umgang mit Formeln:**

- Die linke und rechte Seite des Gleichheitszeichens sind gleichwertig.
- Auf beiden Seiten einer Formel/Gleichung muss dieselbe Änderung durchgeführt werden.
- Um Verbindungen zu lösen, muss die jeweilige Gegenoperation angewendet werden.

An einigen klassischen Formeln, die uns immer wieder begegnen, wollen wir nun die oben beschriebenen Gesetze anwenden.

Ohmsches Gesetz
Das Ohmsche Gesetz lautet:

$$R = U : I$$

In Worten: Der Widerstand ist gleich der Spannung geteilt durch den Strom. Wenn wir hier den **Widerstand** berechnen wollen, so ist dies direkt möglich, wenn der Spannungs- und Stromwert bekannt ist.

Falls jedoch der **Spannungswert** berechnet werden soll, so ist dies nicht direkt möglich, da ja die Spannung U in der Formel mit dem Strom I verknüpft ist durch eine Division. Um aber die Spannung berechnen zu können, muss die Spannung U in der Formel alleinstehen. Hierzu muss die Verknüpfung mit der Gegenoperation gelöst werden. Es muss also auf beiden Seiten der Gleichung eine Multiplikation mit dem Strom I erfolgen.

Als Ergebnis bekommen wir dann:

$$R \cdot I = U$$

Hiermit können wir die Spannung U berechnen.

Falls wir den **Strom** I berechnen wollen, müssen wir in zwei Schritten umstellen, wobei der erste Schritt die gerade durchgeführte Multiplikation mit dem Strom I ist. Anschließend teilen wir dann durch den Widerstand R, da dieser durch eine Multiplikation mit dem Strom I verbunden ist. Dadurch erhalten wir:

$$I = U : R$$

Hebelgesetz
Eine weitere Formel, welche immer wieder Anwendung findet, ist das Hebelgesetz. Es lautet:

$$F_1 \cdot l_1 = F_2 \cdot l_2$$

- F steht hierbei für die jeweilige Kraft.
- l steht für die wirksame Hebellänge.

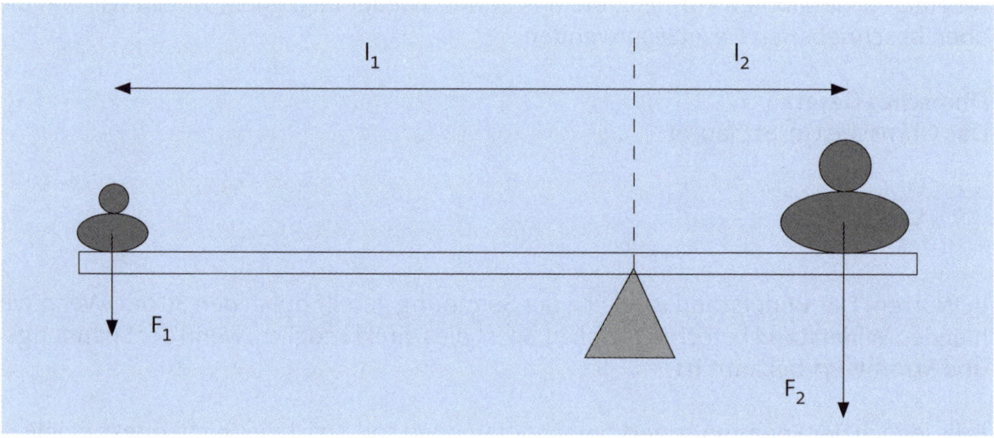

Wenn also z. B. gefragt ist, wie weit vom Drehpunkt muss ein 50 Kilo schweres Kind entfernt sitzen, wenn ein 30 Kilo schweres Kind 2 m von diesem entfernt sitzt, damit eine Wippe im Gleichgewicht ist. Dieses kann mithilfe des Hebelgesetzes einfach berechnet werden.

Um aus einer Masse, z. B. 30 kg, die Gewichtskraft zu ermitteln, muss die Masse mit der Erdbeschleunigung $g = 9{,}81\ m/s^2$ (oft vereinfacht mit $10\ m/s^2$ angenommen) multipliziert werden. So bekommt man z. B. für 30 kg eine Gewichtskraft von $F = 30\ kg \cdot 10\ m/s^2 = 300\ N$ (siehe >> Kapitel 5 Kräfte).

Die Grundformel $F_1 \cdot l_1 = F_2 \cdot l_2$ muss nach der hier gefragten Hebellänge l_2 umgestellt werden.

Da in der obigen Formel F_2 und l_2 durch eine Multiplikation (Mal-Zeichen) verbunden ist, muss hier die Formel durch die Gegenoperation (Division) umgestellt werden.

Nachdem man also beide Seiten der Formel durch F_2 teilt, erhält man:

$l_2 = (F_1 \cdot l_1) : F_2$

Setzt man die Werte aus obigem Beispiel ein, erhält man das Ergebnis:

$l_2 = (300\ N \cdot 2\ m) : 500\ N = \mathbf{1{,}20\ m}$

Aufgabe 1:

Die Formel **A = B • C** soll nach B umgestellt werden, d. h. es soll anschließend **B = ...** stehen.

Lösung s. Seite 103

Aufgabe 2:

Die Formel **A = B • C** soll nach C umgestellt werden, d. h. es soll anschließend **C = ...** stehen.

Lösung s. Seite 103

Aufgabe 3:

Die Formel für das Drehmoment **M = F • l** soll nach der Kraft F umgestellt werden.

Lösung s. Seite 103

Aufgabe 4:

Die Formel für das Drehmoment **M = F • l** soll nach der Hebellänge l umgestellt werden.

Lösung s. Seite 103

Aufgabe 5:

Das Ohmsche Gesetz **R = U : I** soll nach der Spannung U umgestellt werden.

Lösung s. Seite 103

Aufgabe 6:

Das Ohmsche Gesetz **R = U : I** soll nach dem Strom I umgestellt werden.

Lösung s. Seite 104

Aufgabe 7:

Das Hebelgesetz $\mathbf{F_1 \bullet l_1 = F_2 \bullet l_2}$ soll nach l_2 umgestellt werden.

Lösung s. Seite 104

Aufgabe 8:

Das Hebelgesetz $\mathbf{F_1 \bullet l_1 = F_2 \bullet l_2}$ soll nach F_1 umgestellt werden.

Lösung s. Seite 104

Aufgabe 9:

Die Formel für die Wärmemenge $\mathbf{Q = m \bullet c \bullet \Delta T}$ soll nach der Masse m umgestellt werden.

Lösung s. Seite 104

Aufgabe 10:

Die Formel für die Bewegungsenergie $\mathbf{E = 0{,}5 \bullet m \bullet v^2}$ soll nach der Geschwindigkeit v umgestellt werden.

Lösung s. Seite 104

5. Kräfte

Die Wirkung von Kräften spüren wir täglich, etwa wenn wir etwas anheben, oder auch wenn wir die Treppe hochgehen. Kräfte werden in der Einheit Newton angegeben (nach dem englischen Naturforscher Sir Isaac Newton). Das Newton als Einheit setzt sich aus den folgenden Basiseinheiten zusammen: 1 Newton = 1 (kg • m)/s^2.

5.1 Gewichtskraft

Interessant ist für uns vor allem die Gewichtskraft eines Körpers. Jeder Körper wird von der Erde durch die Erdanziehungskraft angezogen und zwar umso stärker, je größer seine Masse ist. Dies kommt daher, weil auf der Erde, die sog. Erdbeschleunigung g wirkt. Sie wird für die Erde mit exakt 9,81 m/s^2 angegeben, in den meisten Fällen rechnet jedoch auch die IHK in den Prüfungsaufgaben vereinfacht mit 10 m/s^2. Daher wird auch in den Übungsaufgaben der einfacher anzuwendende Wert 10 m/s^2 verwendet. Wenn man also wissen möchte, welche Gewichtskraft einer Masse von z. B. 75 kg entspricht, dann können wir dies mit folgender Formel berechnen:

$$F_G = m \cdot g$$

- **F_G** ist die Gewichtskraft in Newton.
- **m** ist die Masse in Kilogramm.
- **g** ist die Erdbeschleunigung 9,81 m/s^2 (auf der Erde), verwendet wird häufig 10 m/s^2.

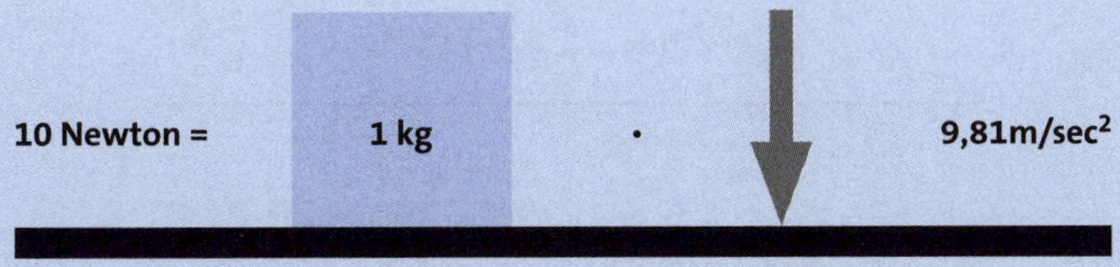

Gewichtskraft = Masse • Erdbeschleunigung

$$F_G = m \cdot g$$

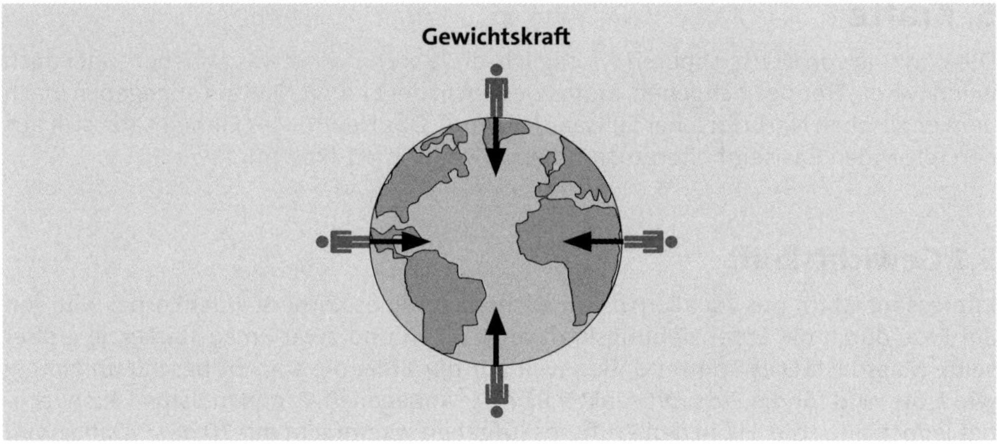

Die Gewichtskraft wirkt zum Erdmittelpunkt, daher ist sie auf der Erde nicht überall gleich. An den Polen ist sie z. B. etwas höher als am Äquator. Dies ist jedoch für unsere Berechnungen zu vernachlässigen.

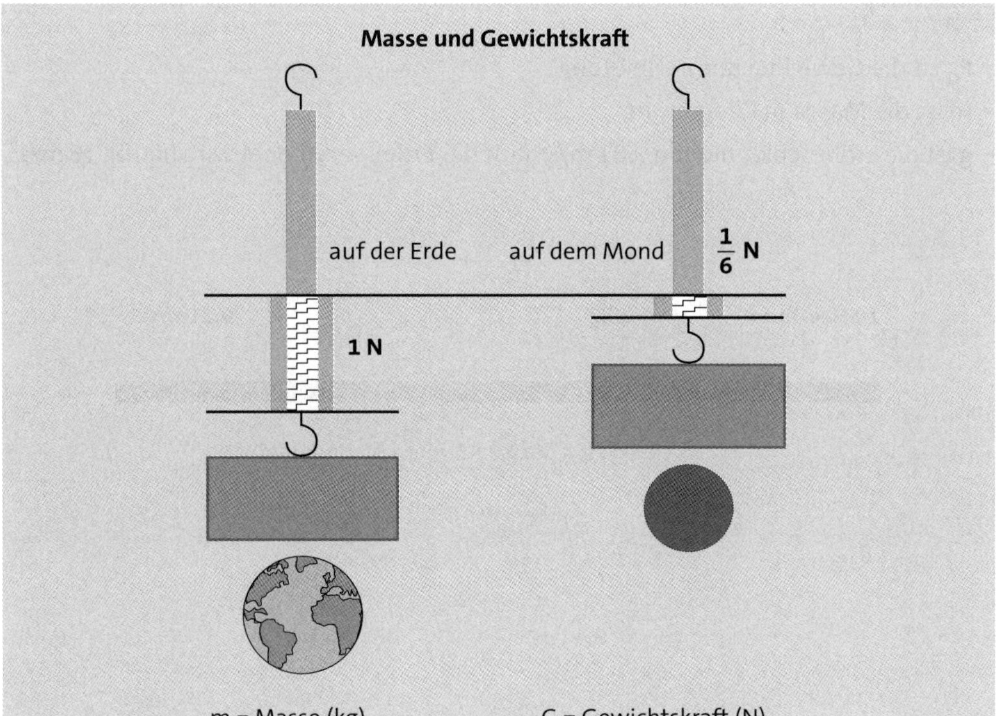

Die Gewichtskraft ist z. B. auf dem Mond nur etwa ein Sechstel so groß, wie auf der Erde. Die Masse z. B. eines Astronauten ist jedoch auf der Erde und auf dem Mond jeweils 80 kg. Auf der Erde hat dieser Astronaut eine Gewichtskraft von 800 N und auf dem Mond nur ca. 133 N. Die Ursache hierfür liegt in der unterschiedlichen Anziehungskraft von Erde und Mond.

Die nachfolgenden Aufgaben sind jeweils auf die Erde bezogen und gehen von einer Anziehungskraft $g = 10\ m/s^2$ aus.

Aufgabe 1:

Welcher Gewichtskraft entspricht die Masse eines Autos von 1.750 kg?

Lösung s. Seite 105

Aufgabe 2:

Eine Pizza wiegt 450 g. Welcher Gewichtskraft entspricht dies?

Lösung s. Seite 105

Aufgabe 3:

Ein Stuhl besitzt eine Gewichtskraft von 120 N. Welcher Masse entspricht dies?

Lösung s. Seite 105

Aufgabe 4:

Wie viele Tonnen wiegt ein Lkw, der eine Gewichtskraft von 350.000 N besitzt?

Lösung s. Seite 105

Aufgabe 5:

Welcher Gewichtskraft entsprechen drei Autos von je 1.450 kg?

Lösung s. Seite 106

5.2 Schiefe Ebene

Möchte man z. B. eine Waschmaschine auf einen Anhänger verladen, um sie zu transportieren, so könnte man sie entweder mit einem Gabelstapler hochheben oder man schiebt sie über eine schiefe Ebene bis auf den Anhänger hoch. Da die Berechnung solcher Anwendungen immer wieder in Prüfungen thematisiert wird, ist es notwendig, möglichst frühzeitig und intensiv noch einmal die Berechnungsregeln zu wiederholen.

Die Kräfte, welche hier wirken, werden in der nachstehenden Skizze dargestellt:

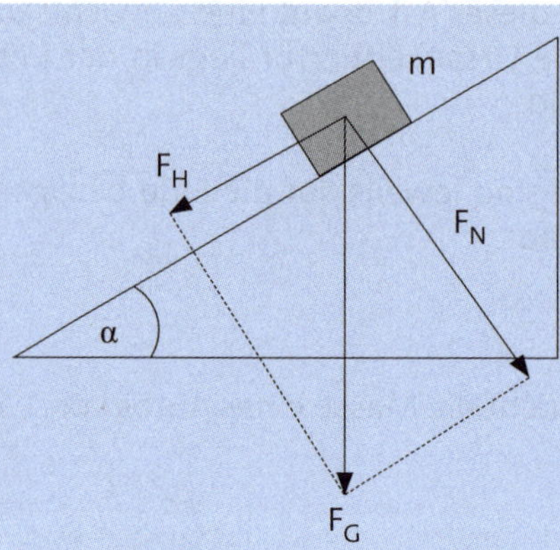

$F_G = m \cdot g$

$F_H = F_G \cdot \sin \alpha$

$F_N = F_G \cdot \cos \alpha$

F_G: Gewichtskraft
F_H: Hangabtriebskraft
F_N: Normalkraft
m: Masse des Körpers
g: Erdbeschleunigung
α: Steigungswinkel

Für die schiefe Ebene gilt: Je größer die Steigung, desto größer ist der Winkel α.

Hier noch ein paar Erklärungen zu den eingetragenen Kräften:

- Die **Kraft F_G** ist die Gewichtskraft des Körpers. Diese berechnet sich (wie schon im vorigen Kapitel angesprochen) aus Masse mal Erdbeschleunigung für das Objekt. Die Einheit ist Newton.
- **F_H** ist die **Hangabtriebskraft**. Diese entspricht der Kraft, welche das Objekt nach unten rutschen lässt. Die Einheit ist ebenfalls Newton.
- **F_N** die **Normalkraft**. Diese entspricht der Kraft, welche das Objekt auf den Berg drückt. Die Einheit ist auch hier Newton.

Es folgen nun die Formeln zur Berechnung der einzelnen Größen. Dazu gibt es noch Formeln, welche die Reibung mit einbeziehen, die an der Oberfläche des Körpers herrscht und die Bewegung bremst. Sofern ein Reibwert μ in einer Aufgabe gegeben ist oder dieser berechnet werden soll, werden diese Formeln benötigt. Dabei unterscheidet man zwischen Haftreibung (wenn das Objekt noch stillsteht) und Gleitreibung (wenn das Objekt sich bewegt).

MERKE

In der Realität gibt es immer Reibung. Manchmal wird sie jedoch bewusst vernachlässigt, dies steht dann in der Aufgabenstellung. Der Reibwert μ ist ein Wert, welcher abhängig ist von der Materialpaarung, also z. B., ob eine Holzkiste auf einem Holzbrett rutscht oder auf einem Stahlträger. Ebenso verändert sich der Reibwert, wenn Schmierstoffe hinzukommen.

Ein einfaches Beispiel hierzu ist das Autofahren, im Sommer kann man eine Kurve problemlos mit z. B. 70 km/h befahren, im Winter bei Schneefall aber evtl. nur noch mit 40 km/h. Das einzige, das sich verändert hat, ist der Reibwert μ aufgrund des „Schmierstoffs" Schnee. Falls zur Lösung einer Aufgabe ein Reibwert μ benötigt wird, so ist dieser angegeben oder er kann aus der IHK-Formelsammlung ermittelt werden.

Nachfolgend die **Berechnungsregeln der Kräfte:**

Gewichtskraft F_G berechnen:

$$F_G = m \cdot g$$

- **F_G** ist die Gewichtskraft in Newton (N).
- **m** ist die Masse in Kilogramm (kg).
- **g** ist die Erdbeschleunigung in Meter pro Sekunde-Quadrat (m/s^2).

Hangabtriebskraft F_H berechnen:

$$F_H = m \cdot g \cdot \sin \alpha$$

- **F_H** ist die Hangabtriebskraft in Newton (N).
- **m** ist die Masse des Körpers in Kilogramm (kg).
- **g** ist die Erdbeschleunigung in Meter pro Sekunde-Quadrat (m/s^2).
- **α** ist der Winkel des Berges in Grad (°).

Normalkraftkomponente F_N berechnen:

$$F_N = m \cdot g \cdot \cos \alpha$$

- **F_N** ist die Normalkraftkomponente in Newton (N).
- **m** ist die Masse in Kilogramm (kg).
- **g** ist die Erdbeschleunigung in Meter pro Sekunde-Quadrat (m/s^2).
- **α** ist der Winkel des Berges in Grad (°).

Reibkraft F_R berechnen:

$$F_R = \mu \cdot F_N$$

- **F_R** ist die Reibungskraft in Newton (N).
- **μ** ist die Reibungszahl und ist Einheitenlos.
- **F_N** ist die Normalkraft in Newton (N).

Nachfolgend einige Übungsaufgaben zur Anwendung dieser Formeln.

Aufgabe 6:

Ein Auto mit einer Gewichtskraft von 15.000 N parkt an einem Hang mit einem Steigungswinkel von 20°. Wie groß ist die Normalkraft?

Lösung s. Seite 106

Aufgabe 7:

Dasselbe Auto (F_G = 15.000 N) parkt an demselben Hang (Steigungswinkel = 20°). Wie groß ist die Hangabtriebskraft?

Lösung s. Seite 106

Aufgabe 8:

Eine Kiste mit einer Masse von 20 kg soll eine schiefe Ebene mit einem Steigungswinkel von 30° hochgeschoben werden. Die Reibung wird hier vernachlässigt. Mit welcher Kraft muss mindestens geschoben werden (um die Hangabtriebskraft zu überwinden)?

Lösung s. Seite 106

Aufgabe 9:

Mit welcher Kraft muss die Kiste (m = 20 kg) mindestens geschoben werden, wenn die Reibung nicht vernachlässigt wird? Reibungszahl μ= 0,15 und Steigungswinkel = 30°.

Lösung s. Seite 107

Aufgabe 10:

Dieselbe Kiste mit 20 kg soll jetzt die schiefe Ebene nach unten geschoben werden. Welche Kraft ist erforderlich, wenn die Reibungszahl $\mu = 0{,}7$ und der Steigungswinkel = 30° beträgt?

Lösung s. Seite 107

Aufgabe 11:

Eine Kiste mit 20 kg liegt auf einer schiefen Ebene mit der Reibungszahl $\mu = 0{,}15$. Wie groß darf der Steigungswinkel werden, bevor die Kiste anfängt zu rutschen? ($F_H = F_R$)

Lösung s. Seite 108

Aufgabe 12:

Eine Kiste mit 20 kg liegt auf einer schiefen Ebene mit einem Steigungswinkel von 15°. Wie groß muss die Reibungszahl μ mindestens sein, damit die Kiste nicht nach unten rutscht? ($F_H = F_R$)

Lösung s. Seite 108

Aufgabe 13:

Eine Kiste wird eine schiefe Ebene mit einem Steigungswinkel von 15° nach oben geschoben. Die Reibungskraft beträgt 750 N und die Normalkraft 550 N. Wie schwer ist die Kiste?

Lösung s. Seite 109

Aufgabe 14:

Eine 20 kg schwere Kiste beginnt bei einem Steigungswinkel von 18° an zu rutschen. Welche Reibungszahl liegt hier vor?

Lösung s. Seite 110

Aufgabe 15:

Eine Kiste mit 40 kg liegt auf einer schiefen Ebene. Die Reibungszahl beträgt $\mu = 0{,}3$. Ab welchem Steigungswinkel fängt die Kiste an, von selbst nach unten zu rutschen? ($F_H = F_R$)

Lösung s. Seite 110

5.3 Drehmoment

Den Begriff Drehmoment kennen Sie evtl. vom Anziehen von Schrauben oder von der Drehmoment-Angabe ihres Pkw-Motors. Drehmoment bedeutet dabei, dass eine bestimmte Kraft mit einer bestimmten Hebellänge wirkt. Im folgenden Bild ist dies dargestellt:

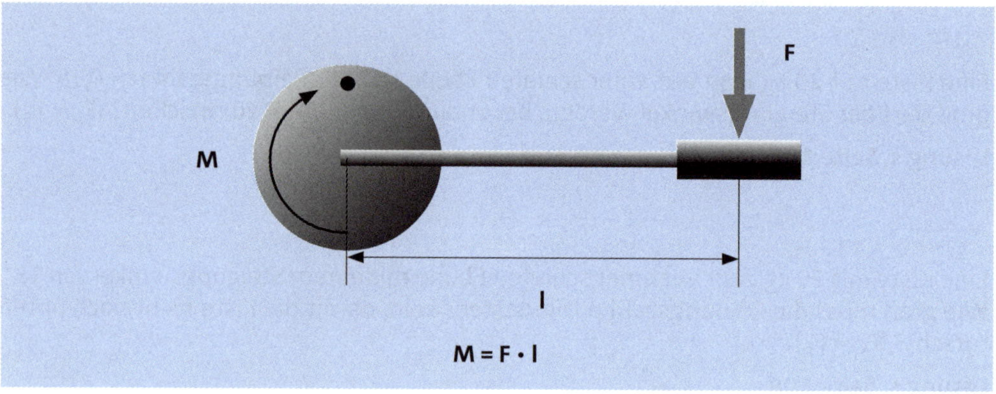

Das Drehmoment M berechnet sich also aus der angreifenden Kraft F mal der wirksamen Hebellänge l. Die üblichen Einheiten sind für die Kraft Newton (N) und für die Hebellänge Meter (m), daher ist die Einheit des Drehmoments Newtonmeter (Nm).

Die **Formel für das Drehmomen**t lautet:

$$M = F \cdot l$$

- **M** bedeutet dabei Drehmoment in Nm.
- **F** ist die wirkende Kraft in N.
- **l** (bzw. **r** bei runden Bauteilen) ist die wirksame Länge (bzw. der Radius) in m.

Wenn nun also eine Schraube ein Anzugsdrehmoment von z. B. 50 Nm erfordert, dann kann dieses Drehmoment aufgebracht werden, indem mit der Kraft von 50 N an einem 1 m langen Gabelschlüssel gedrückt wird. Genauso wäre es aber möglich, mit nur 25 N an einem 2 m langen Schlüssel (z. B. mit Verlängerung) zu drücken. Oder aber an einem nur 0,5 m langen Schlüssel mit der Kraft von 100 N zu drücken. Das Drehmoment wäre hier jeweils 50 Nm. Man sieht hieran also recht deutlich, dass ein bestimmtes Drehmoment entweder mit einer hohen Kraft und einer kurzen Hebellänge oder genauso mit einer niedrigen Kraft, dafür aber einer großen Hebellänge erreicht werden kann.

Etwas schwieriger gestaltet sich die **Berechnung des Drehmoments bei drehenden Bauteilen** (z. B. Antriebswellen). Hier ist die wirksame Hebellänge der Radius des runden Bauteils (siehe folgende Abbildung).

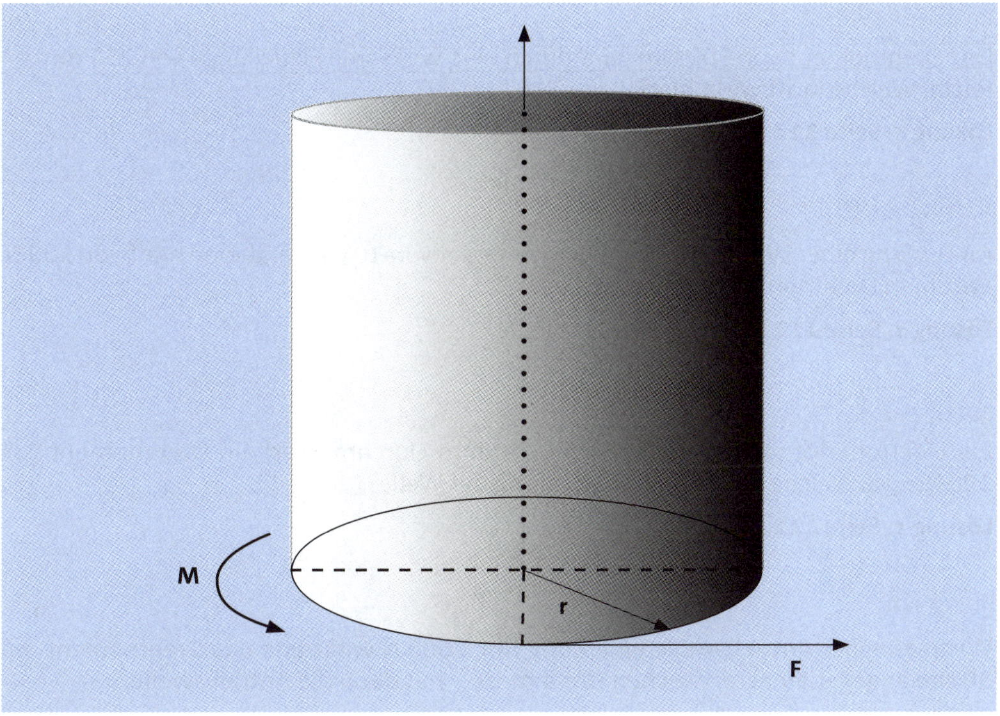

Nachfolgend einige Aufgaben, um die Berechnung des Drehmomentes zu trainieren.

Aufgabe 16:

Welches Drehmoment ergibt sich bei einer Kraft von 190 N und einer Hebellänge von 2,25 m?

Lösung s. Seite 111

Aufgabe 17:

Bei einem Drehmoment von 600 Nm ist die Kraft 800 N. Wie lang ist der wirksame Hebel?

Lösung s. Seite 111

Aufgabe 18:

Bei einer Hebellänge von 0,8 m beträgt das Drehmoment 270 Nm. Mit welcher Kraft wird hier gearbeitet?

Lösung s. Seite 112

Aufgabe 19:

Das Drehmoment von 500 Nm wird durch eine wirksame Hebellänge von 250 mm erreicht. Welche Kraft wirkt hier?

Lösung s. Seite 112

Aufgabe 20:

An Umfang einer Welle mit einem Durchmesser von 10 cm wirkt eine Kraft von 100 N. Welchem Drehmoment entspricht dies?

Lösung s. Seite 112

Aufgabe 21:

Ein Elektromotor gibt an seiner Welle (40 mm Durchmesser) ein Drehmoment von 100 Nm ab. Welche Kraft wirkt am Umfang der Welle?

Lösung s. Seite 112

Aufgabe 22:

Wenn an einer Antriebswelle eine Kraft von 1.000 N wirkt und das Drehmoment mit 30 Nm angegeben wird, welchen Durchmesser hat dann die Antriebswelle?

Lösung s. Seite 113

Aufgabe 23:

Eine Welle mit einem Durchmesser von 100 mm soll ein Drehmoment von 300 Nm übertragen. Welche Kraft wirkt hierbei?

Lösung s. Seite 113

Aufgabe 24:

Eine Kraft von 3.000 N soll durch eine Welle übertragen werden. Ein maximales Drehmoment von 50 Nm darf nicht überschritten werden. Es stehen drei Wellen zur Auswahl, eine mit einem Durchmesser von 30 mm, eine mit 40 mm und eine mit 50 mm. Welche Welle kann verwendet werden?

Lösung s. Seite 113

Aufgabe 25:

Eine Welle von 30 mm Durchmesser soll eine Kraft von 1.500 N übertragen. Welches Drehmoment in Nm wirkt hier?

Lösung s. Seite 114

6. Wärmelehre

Die Wärmelehre (auch „Thermodynamik" genannt) befasst sich mit Zustandsänderungen (z. B. Schmelzen von Eis oder Verdampfen von Wasser) von Körpern durch Zufuhr oder Abgabe von Wärme sowie alle Energieumwandlungen, bei denen Wärme beteiligt ist.

6.1 Wärmeausdehnung

Besonders interessant sind Berechnungen, wie sich bestimmte Materialien verhalten, wenn sie erwärmt werden. Nahezu alle Materialien dehnen sich bei zunehmender Temperatur aus. Dabei gilt es zu unterscheiden, dass für manche Bauteile die Längenausdehnung (z. B. für Bauteile, bei welchen die Längenänderung relevant ist, wie z. B. eine Hochspannungsleitung, siehe Abbildung Seite 56 oben) und für andere die Volumenausdehnung (z. B. für Bauteile, bei welchen die Ausdehnung in drei Dimensionen relevant ist, wie z. B. Flüssigkeiten in einem Tank, siehe Abbildung Seite 56 unten). Für die Berechnungen gelten nachfolgende Formeln.

Längenausdehnung

$$\Delta l = l_0 \cdot \alpha_L \cdot \Delta T$$

Volumenausdehnung

$$\Delta V = V_0 \cdot \alpha_V \cdot \Delta T$$

Dabei ist zu beachten, dass die Berechnung jeweils nur die Veränderung berechnet, daher Δl bzw. ΔV.

- $\mathbf{l_0}$ bzw. $\mathbf{V_0}$ steht für die Ausgangslänge bzw. das Ausgangsvolumen.
- $\boldsymbol{\alpha_L}$ bzw. $\boldsymbol{\alpha_V}$ steht für den materialabhängigen Ausdehnungskoeffizienten.
- $\mathbf{\Delta T}$ steht für den Temperaturunterschied.

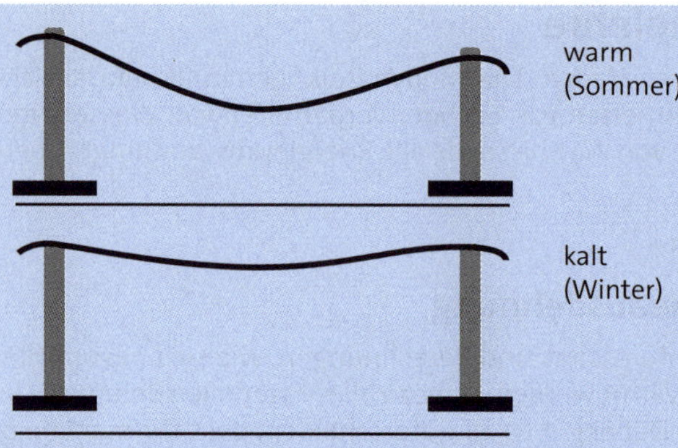

Längenausdehnung Hochspannungsleitung

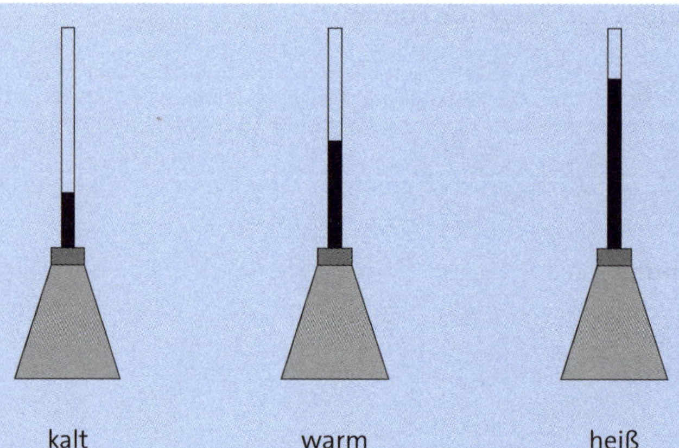

Volumenausdehnung

Für die nachfolgenden Aufgaben gelten folgende **Ausdehnungskoeffizienten:**

- Stahl $\alpha_L = 0{,}000012\ 1/°C$
- Aluminium $\alpha_L = 0{,}000024\ 1/°C$
- Wasser $\alpha_V = 0{,}00021\ 1/°C$
- Benzin $\alpha_V = 0{,}0011\ 1/°C$

TIPP

Für Prüfungsaufgaben sind diese Werte aus der IHK-Formelsammlung zu entnehmen.

Aufgabe 1:

Ein 12 m langer Träger aus Stahl wird durch die Sonneneinstrahlung von 20 °C auf 55 °C erwärmt. Wie lang ist der erwärmte Träger?

Lösung s. Seite 115

Aufgabe 2:

Ein 5 m langer Träger aus Stahl wird von 30 °C auf 150 °C erwärmt. Um wie viel wird dieser Träger dadurch länger?

Lösung s. Seite 115

Aufgabe 3:

Ein Tank, der mit 100 l Wasser gefüllt ist, wird von 20 °C auf 55 °C erwärmt. Um wie viele Liter dehnt sich das Wasser aus?

Lösung s. Seite 115

Aufgabe 4:

Ein Wassertank fasst 110 l. Aktuell ist er zu 99 % gefüllt. Um wie viel darf die Temperatur von aktuell 20 °C steigen bis der Tank überläuft?

Lösung s. Seite 116

Aufgabe 5:

Ein 5 m Stahlträger darf sich maximal um 3 mm ausdehnen. Um wie viele Grad (bzw. Kelvin) darf er höchstens erwärmt werden?

Lösung s. Seite 116

Aufgabe 6:

Eine Hochspannungsleitung besteht aus Aluminium (α = 0,000024 1/°C) Um wie viel verlängert sich die Leitung zwischen zwei 80 m entfernten Masten im Hochsommer bei 35 °C im Vergleich zum Winter (-10 °C)?

Lösung s. Seite 116

Aufgabe 7:

Das Benzin im Tank eines Autos erwärmt sich in der prallen Sonne von 20 °C auf 45 °C. Um wie viel Prozent dehnt sich dadurch der Tankinhalt von 55 l aus?

Lösung s. Seite 117

Aufgabe 8:

Eine 45 m lange Stahlbrücke besitzt eine 10 mm lange Ausgleichsfuge, um die Temperatureinflüsse ausgleichen zu können. Reicht diese Fuge aus, wenn sich die Brücke von -10 °C auf 35 °C erwärmt?

Lösung s. Seite 117

Aufgabe 9:

Der 8 m lange Stahlträger einer Gebäudekonstruktion darf sich um maximal 3 mm ausdehnen. Um wie viele Grad darf er deshalb höchstens erwärmt werden?

Lösung s. Seite 118

Aufgabe 10:

Ein Behälter, welcher 100 l fasst ist bereits mit 98,5 l Wasser befüllt. Um wie viele Grad darf das Wasser höchstens erwärmt werden, wenn er nicht überlaufen soll?

Lösung s. Seite 118

6.2 Wärmemenge

Um einen Körper, z. B. Wasser, zu erwärmen benötigt man eine bestimmte Energiemenge. Diese ist abhängig von der Masse des Körpers, vom Stoff und davon, wie weit man den Körper erwärmen möchte, also z. B. auf 50 °C oder auf 70 °C. Genau dieser Zusammenhang wird auch deutlich in der **Formel der Wärmemenge Q:**

$$Q = m \cdot c \cdot \Delta T$$

- **Q** ist dabei die Wärmemenge, üblicherweise in kJ (Kilojoule).
- **m** ist die Masse des zu erwärmenden Körpers in kg.
- **c** ist die spezifische Wärmekapazität und abhängig vom Stoff, Einheit ist kJ/(kg • K).
- **ΔT** ist die Temperaturänderung in Kelvin (K).

TIPP

Die Kelvin-Temperaturskala bezieht sich auf die absolute Temperatur, sie beginnt also mit 0 Kelvin am absoluten Nullpunkt (bei -273,15 °C). Sobald es aber nur um Temperaturdifferenzen geht, macht es keinen Unterschied, ob Celsius (°C) oder Kelvin (K), denn ein Temperaturunterschied von z. B. 10 K ist exakt so viel wie ein Unterschied von 10 °C.

Um die zur Erwärmung notwendige Energie bereitzustellen, werden häufig Erdöl oder Erdgas verbrannt. Mithilfe der Heizwerte kann so berechnet werden, wie viel Kilogramm (kg) Heizöl oder wie viele Kubik-Meter (m^3) Erdgas verbrannt werden müssen, um z. B. eine bestimmte Wassermenge zu erhitzen.

Die Formel zur Berechnung lautet:

$Q = m \cdot H$ für Heizöl

$Q = V \cdot H$ für Erdgas

- **Q** steht dabei für die Wärmemenge in kJ.
- **m** steht für die Masse in kg.
- **V** steht für das Volumen in m^3.
- **H** steht für den Heizwert:
  - **Heizwert Heizöl: H = 43000 kJ/kg**
  - **Heizwert Erdgas: H = 35000 kJ/m^3.**

Aufgabe 11:

Welche Wärmemenge wird benötigt, um 1 kg Wasser um 10 Kelvin zu erwärmen?

Lösung s. Seite 118

Aufgabe 12:

Welche Wärmemenge wird benötigt, um 1 kg Stahl um 10 Kelvin zu erwärmen?

Lösung s. Seite 119

Aufgabe 13:

Welche Wassermenge kann mit 10 kJ um 5 Kelvin erwärmt werden?

Lösung s. Seite 119

Aufgabe 14:

Um wie viele Kelvin kann ein 3 kg schwerer Stahlklotz mit der Wärmemenge 50 kJ erwärmt werden?

Lösung s. Seite 119

Aufgabe 15:

Ein 100 kg schwerer Stahlträger wird ab Raumtemperatur (20 °C) mit 500 kJ erwärmt. Welche Temperatur hat er anschließend?

Lösung s. Seite 120

Aufgabe 16:

Ein zylinderförmiger Tank mit einem Durchmesser von 1,5 m und einer Höhe von 1,2 m ist komplett mit Wasser (20°C) befüllt. Welche Wärmemenge ist notwendig, um das Wasser auf 75 °C zu erwärmen?

Lösung s. Seite 120

Aufgabe 17:

Wie viele Kubik-Meter (m^3) Erdgas benötigt man, um eine Wärmemenge von 235.000 kJ zu erreichen?

Lösung s. Seite 121

Aufgabe 18:

Eine Wärmemenge von 235.000 kJ soll durch Verbrennung von Heizöl erzeugt werden. Wie viele Kilogramm (kg) Heizöl benötigt man hierfür?

Lösung s. Seite 121

Aufgabe 19:

Wie viele Kubik-Meter (m^3) Erdgas benötigt man, um eine 200 l Badewanne mit heißem Wasser (50 °C) zu befüllen? Die Ausgangstemperatur des Wassers beträgt 10 °C.

Lösung s. Seite 121

Aufgabe 20:

Wie viele Liter kochendes Wasser (100 °C) können mit 25 kg Heizöl hergestellt werden, wenn die Ausgangstemperatur des Wassers 10 °C beträgt?

Lösung s. Seite 122

7. Elektrische Berechnungen

Elektrische Berechnungen sind für die Prüfung im Teilbereich NTG essenziell. In jeder Prüfung sind Aufgaben zu dieser Thematik enthalten. Obwohl bei vielen Teilnehmern unbeliebt, lassen sich diese Aufgaben jedoch meist mit nur wenigen Formeln recht gut lösen. Die Grundthematik ist dabei fast immer dieselbe, es sind **Strom- und Spannungswerte für Widerstandsschaltungen** zu berechnen.

7.1 Widerstandsschaltungen

Es gibt zwei grundsätzlich unterschiedliche Widerstandsschaltungen, die Reihen- und die Parallelschaltung. Nachfolgend sind die Unterschiede beschrieben:

Reihenschaltung:

- Der Gesamtwiderstand ist die Summe der Einzelwiderstände:

$$R_{ges} = R_1 + R_2 + R_3 \ldots$$

- Der Strom **I** ist überall in der Schaltung gleich groß.
- Die gesamte Spannung teilt sich auf die einzelnen Widerstände auf und zwar entsprechend ihrer Größe, also großer Widerstand – große Spannung.

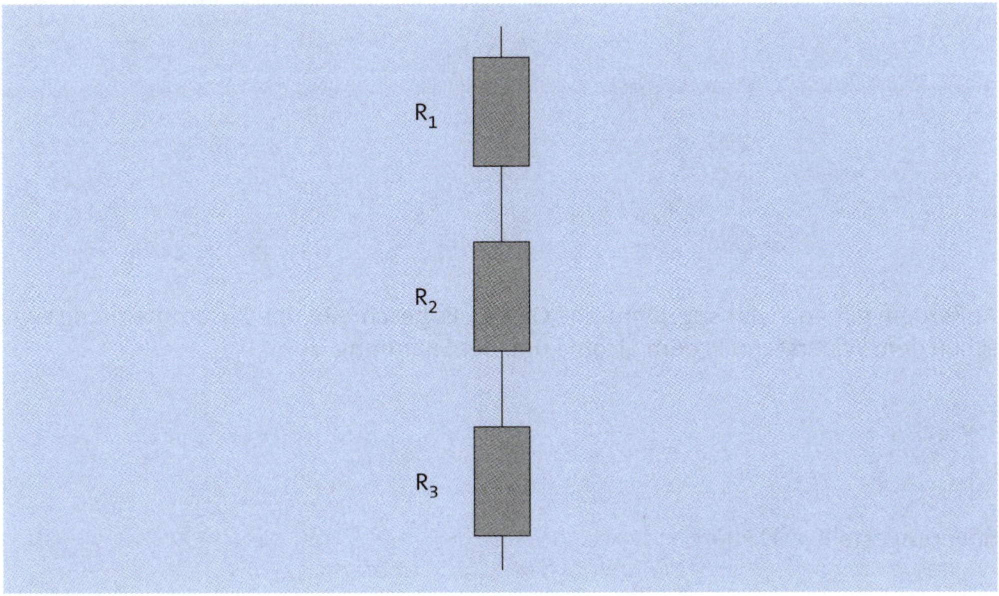

Parallelschaltung:

- Der Gesamtwiderstand ist gleich dem Kehrwert der Summe der Kehrwerte der Einzelwiderstände:

$$\frac{1}{R_{ges}} = \frac{1}{R_1} + \frac{1}{R_2} + \frac{1}{R_3} + \ldots$$

- Die Spannung U ist überall in der Schaltung gleich groß.
- Der gesamte Strom teilt sich auf die einzelnen Widerstände auf und zwar umgekehrt ihrer Größe, also großer Widerstand – kleiner Strom.

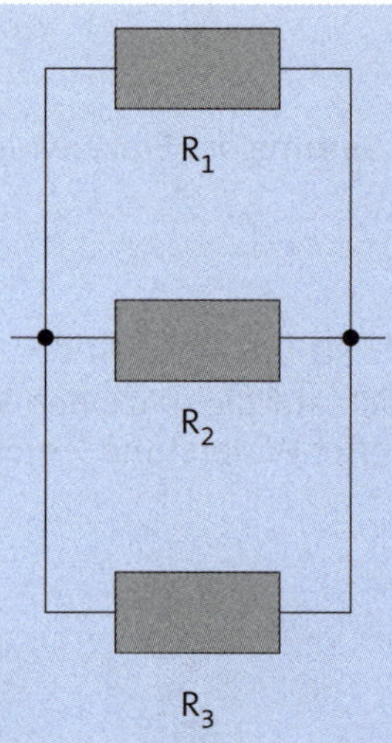

$$\frac{1}{R_{ges}} = \frac{1}{R_1} + \frac{1}{R_2} + \frac{1}{R_3} + \ldots$$

Außerdem gilt noch das sog. Ohmsche Gesetz. Es beschreibt den Zusammenhang zwischen dem Widerstand R, dem Strom I und der Spannung U:

$R = U : I$

oder umgestellt $U = I \cdot R$

oder umgestellt $I = U : R$

Aufgabe 1:

Ein 20 Ω und ein 30 Ω Widerstand werden in Reihe geschaltet. Wie groß ist der Gesamtwiderstand (Ersatzwiderstand)?

Lösung s. Seite 123

Aufgabe 2:

Ein 20 Ω und ein 30 Ω Widerstand werden parallel geschaltet. Wie groß ist der Gesamtwiderstand (Ersatzwiderstand)?

Lösung s. Seite 123

Aufgabe 3:

Zwei 40 Ω Widerstände in Reihenschaltung ergeben welchen Gesamtwiderstand?

Lösung s. Seite 123

Aufgabe 4:

Zwei 40 Ω Widerstände in Parallelschaltung ergeben welchen Gesamtwiderstand?

Lösung s. Seite 124

Aufgabe 5:

Zwei 50 Ω Widerstände liegen in Reihe an 24 V Versorgungsspannung. Welcher Gesamtstrom fließt hier?

Lösung s. Seite 124

Aufgabe 6:

Zwei 50 Ω Widerstände liegen parallel an 24 V Versorgungsspannung. Welcher Gesamtstrom fließt hier?

Lösung s. Seite 124

Aufgabe 7:

Zwei gleich große Widerstände liegen in Reihe an 50 V, dabei fließt ein Strom von 4 A. Wie groß sind die beiden Widerstände jeweils?

Lösung s. Seite 124

Aufgabe 8:

Zwei gleich große Widerstände liegen parallel an 50 V, dabei fließt ein Strom von 4 A. Wie groß sind die beiden Widerstände jeweils?

Lösung s. Seite 125

Aufgabe 9:

Vier gleich große Widerstände liegen in Reihe an 230 V. Es fließt ein Gesamtstrom von 1,0 A. Welchen Widerstandswert haben die Widerstände jeweils?

Lösung s. Seite 125

Aufgabe 10:

Vier gleich große Widerstände liegen parallel an 230 V. Es fließt ein Gesamtstrom von 1,0 A. Welchen Widerstandswert haben die Widerstände jeweils?

Lösung s. Seite 125

7.2 Elektrische Leistung, Wirkungsgrad

Die elektrische Leistung berechnet sich im Gleich- oder Wechselstromkreis nach folgender Formel:

$$P = U \cdot I$$

- **P** ist dabei die Leistung in Watt.
- **U** ist die Spannung in Volt.
- **I** ist der Strom in Ampere.

Etwas anders ist es noch im Dreiphasenwechselstrom-Kreis (sog. Drehstrom, bzw. Kraftstrom) hier berechnet sich die Leistung nach folgender Formel:

$$P = \sqrt{3} \cdot U \cdot I \cdot \cos \varphi$$

- **P** ist dabei die Leistung in Watt.
- **√3** ist der sog. Verkettungsfaktor.
- **U** ist die Spannung in Volt.
- **I** ist der Strom in Ampere.
- **cos φ** ist der Leistungsfaktor ohne Einheit.

ACHTUNG

Der Leistungsfaktor cos φ wird bei der Berechnung der Leistung als reiner Faktor eingegeben, also z. B. 0,85 ohne Verwendung der cos-Funktion auf dem Taschenrechner!

In der nachfolgenden Abbildung ist ein einfacher Stromkreis dargestellt, welcher die Zusammenhänge von Spannung, Strom und Widerstand darstellt:

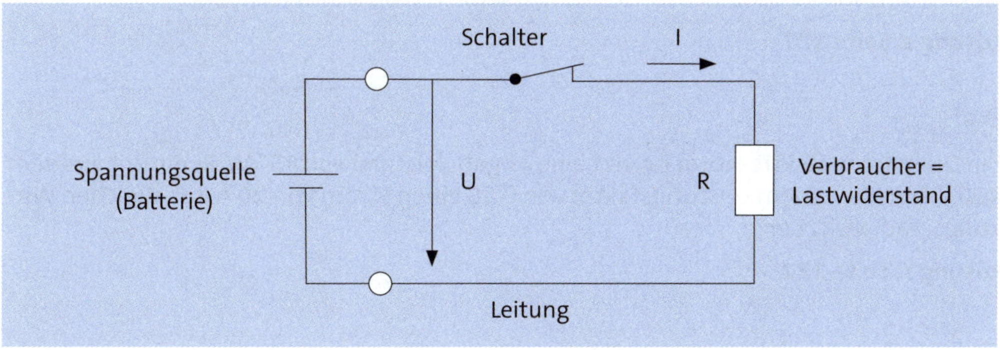

Aufgabe 11:

An einem Widerstand wird ein Strom von 1,75 A gemessen und es wird eine Leistung von 30 W umgesetzt. Welche Spannung liegt hier am Widerstand an?

Lösung s. Seite 126

Aufgabe 12:

Eine LED-Leuchte liegt an 230 V und nimmt 0,07 A auf. Welche Leistung wird hier umgesetzt?

Lösung s. Seite 126

Aufgabe 13:

Ein Widerstand von 30 Ω liegt an 24 V. Welche Leistung wird in ihm umgesetzt?

Lösung s. Seite 126

Aufgabe 14:

Eine Leistung von 50 W wird an einer Lampe gemessen. Bei welcher Spannung fließt hier ein Strom von 2,7 A?

Lösung s. Seite 127

Aufgabe 15:

Welche Leistung nimmt ein Drehstrommotor im 400 V-Netz auf, wenn er einen Nennstrom von 12 A und einen Leistungsfaktor von 0,91 aufweist.

Lösung s. Seite 127

Aufgabe 16:

Ein Drehstrom-Elektromotor besitzt eine Abgabeleistung von 15 kW. Er nimmt aus dem 400 V-Netz bei einem Leistungsfaktor von 0,88 einen Strom von 26 A auf. Welchen Wirkungsgrad besitzt er?

Lösung s. Seite 127

Aufgabe 17:

Bei einem Wirkungsgrad von 95 % hat ein Drehstrom-Elektromotor eine Abgabeleistung von 55 kW. Welcher Strom fließt hier in einem 400 V-Netz bei einem Leistungsfaktor von 0,89?

Lösung s. Seite 128

Aufgabe 18:

Ein Elektromotor besitzt einen Wirkungsgrad von 95 %, er ist an ein Getriebe gekoppelt, welches einen Wirkungsgrad von 80 % besitzt und treibt eine Pumpe mit einem Wirkungsgrad von 75 % an. Welchen Gesamtwirkungsgrad besitzt das System?

Lösung s. Seite 128

Aufgabe 19:

Ein Gleichstrommotor gibt eine Leistung von 8 kW ab. Er besitzt einen Wirkungsgrad von 90 %. Welchen Strom nimmt er in einem 300 V-Netz auf?

Lösung s. Seite 129

Aufgabe 20:

Welchen Leistungsfaktor besitzt ein Elektromotor, welcher an einem 400 V-Drehstromnetz einen Strom von 15 A und dabei eine Leistung von 9,5 kW aufnimmt?

Lösung s. Seite 129

8. Bewegungen

Berechnungen zu Bewegungen sind ebenfalls in nahezu jeder Prüfung anzutreffen, daher ist es wichtig, auch Geschwindigkeiten, Strecken, Beschleunigungen und Verzögerungen sicher berechnen zu können.

8.1 Geschwindigkeit

Die Berechnung der Geschwindigkeit erfolgt ganz einfach indem man die gefahrene Strecke durch die dafür benötigte Zeit teilt. Die Formel lautet:

$$v = s : t$$

- **v** ist hier die Geschwindigkeit in m/s oder km/h.
- **s** ist die Strecke in m oder km.
- **t** ist die Zeit in s oder h.

Die Umrechnung einer Geschwindigkeit von m/s in km/h erfolgt, indem man mit 3,6 multipliziert. Dies kommt daher, weil 1 km aus 1.000 m besteht und 1 Stunde aus 3.600 Sekunden. Die komplette Umrechnung lautet also geteilt durch 1.000 und mal 3.600, insgesamt also mal 3,6.

Aufgabe 1:

Ein Pkw legt auf der Autobahn 7 km in einer Zeit von 3 Minuten zurück. Wie groß ist seine Geschwindigkeit in km/h?

Lösung s. Seite 131

Aufgabe 2:

Ein Lkw fährt konstant mit einer Geschwindigkeit von 60 km/h. Welche Strecke in Meter legt er in 11 Minuten zurück?

Lösung s. Seite 131

Aufgabe 3:

Ein Auto fährt mit einer Geschwindigkeit von 75 km/h. Wie lange benötigt es für eine Strecke von 4.800 m?

Lösung s. Seite 131

Aufgabe 4:

Welcher Geschwindigkeit in km/h entsprechen 25 m/s?

Lösung s. Seite 132

Aufgabe 5:

Eine Strecke von 17 km sollen mit einer Geschwindigkeit von 75 km/h gefahren werden. Wie lange dauert dies?

Lösung s. Seite 132

Aufgabe 6:

Ein Fahrradfahrer fährt mit einer Geschwindigkeit von 8 m/s. Wie lang benötigt er für einen Weg von 35 km?

Lösung s. Seite 132

Aufgabe 7:

Ein Autofahrer fährt 35 Minuten mit einer Geschwindigkeit von 70 km/h und anschließend 20 Minuten lang mit einer Geschwindigkeit von 95 km/h. Welche Strecke ist er insgesamt gefahren?

Lösung s. Seite 132

Aufgabe 8:

Ein Motorradfahrer fährt 30 Minuten durch die Stadt mit der zulässigen Höchstgeschwindigkeit von 50 km/h. Anschließend fährt er auf die Autobahn. Wie schnell muss er dort fahren, wenn er insgesamt eine Strecke von 65 km zurücklegen muss und insgesamt maximal 50 Minuten für die gesamte Strecke benötigen darf?

Lösung s. Seite 133

Aufgabe 9:

Ein Lkw fährt 15 Minuten lang mit 55 km/h, anschließend beschleunigt er und fährt mit 70 km/h weiter. Er muss insgesamt eine Strecke von 30 km zurücklegen. Wie lange braucht er hierfür insgesamt?

Lösung s. Seite 133

Aufgabe 10:

Ein Autofahrer möchte auf der Autobahn 72 km in 22 Minuten zurücklegen. Kann er dies mit seinem Auto, welches eine Höchstgeschwindigkeit von 185 km/h aufweist, schaffen?

Lösung s. Seite 134

8.2 Kinetische und potentielle Energie

Potenzielle Energie (Energie der Lage) ist die Fähigkeit eines Körpers, aufgrund seiner Lage mechanische Arbeit zu verrichten. Das bedeutet, eine Kiste, die z. B. auf einem 3 m hohen Regal liegt, besitzt eine Energie, welche beim Herunterfallen freiwerden würde. Die Energie ist dabei umso größer, je schwerer der Gegenstand ist und je höher der Gegenstand liegt. Die Formel hierfür lautet:

$$E_{pot} = m \cdot g \cdot h$$

- **m** ist dabei die Masse in kg.
- **g** ist die Erdbeschleunigung in m/s^2.
- **h** ist die Fallhöhe in m.

Die zweite Energieform ist die kinetische Energie (Energie der Bewegung); hier kann der Körper aufgrund seiner Bewegung eine mechanische Arbeit verrichten. Dies wird anschaulich, wenn man sich z. B. vorstellt, über welch große Energie ein fahrendes Auto verfügt. Es wird immer dann besonders deutlich, wenn es gegen ein Hindernis fährt. Die Höhe der Energie hängt dabei von der Masse des Gegenstandes und von seiner Geschwindigkeit ab. Interessant ist, dass die Geschwindigkeit hier quadratisch eingeht. Dies bedeutet, doppelte Geschwindigkeit verursacht vierfache Energie, dreifache Geschwindigkeit verursacht neunfache Energie.

Die Formel zur Berechnung lautet:

$$E_{kin} = 0{,}5 \cdot m \cdot v^2$$

- **m** ist dabei die Masse in kg.
- **v** ist die Geschwindigkeit in m/s.

Aufgabe 11:

Ein Stein mit einer Masse von 2,5 kg liegt auf einem Tisch 1,20 m über dem Boden. Welche potentielle Energie besitzt dieser Stein?

Lösung s. Seite 134

Aufgabe 12:

Aus welcher Höhe darf ein Handy mit der Masse 220 g auf den Boden fallen, wenn eine Energie von 3 J nicht überschritten werden darf, damit es nicht zerstört wird?

Lösung s. Seite 135

Aufgabe 13:

Eine Kiste mit 40 kg besitzt die potentielle Energie 500 J. In welcher Höhe wird die Kiste gelagert?

Lösung s. Seite 135

Aufgabe 14:

Ein Auto mit der Masse 1.700 kg fährt mit einer Geschwindigkeit von 50 km/h durch die Stadt. Welche kinetische Energie besitzt es?

Lösung s. Seite 135

Aufgabe 15:

Wie schnell (in km/h) muss ein 1.500 kg schweres Auto fahren, um eine kinetische Energie von 100 kJ zu besitzen?

Lösung s. Seite 136

Aufgabe 16:

Wie schwer ist ein Auto, welches bei einer Geschwindigkeit von 70 km/h eine kinetische Energie von 340.000 J besitzt?

Lösung s. Seite 136

Aufgabe 17:

Um welchen Faktor ändert sich die kinetische Energie eines Autos mit 1.400 kg, nachdem es von 30 km/h auf 60 km/h beschleunigt hat?

Lösung s. Seite 136

Aufgabe 18:

Wie schwer ist ein Buch, welches in einem Regal 1,50 m über dem Boden steht und eine potentielle Energie von 8 J besitzt?

Lösung s. Seite 137

Aufgabe 19:

Beim Aufprall eines Autos mit 1.400 kg an einem Hindernis wurde eine Energie von 40.000 J frei. Wie schnell war das Fahrzeug vor dem Aufprall?

Lösung s. Seite 137

Aufgabe 20:

Welche kinetische Energie besitzt eine Gewehrkugel mit einem Gewicht von 11 g und einer Geschwindigkeit von 3.100 km/h?

Lösung s. Seite 137

8.3 Weg

Die Berechnung des zurückgelegten Weges ergibt sich aus der Zeit und der Geschwindigkeit.

Die Formel lautet:

$$s = v \cdot t$$

- **s** ist dabei die Strecke in m bzw. km.
- **v** ist die Geschwindigkeit in m/s bzw. km/h.
- **t** ist die Zeit in s bzw. h.

Aufgabe 21:

Welche Strecke fährt ein Fahrradfahrer in 13 Minuten bei einer durchschnittlichen Geschwindigkeit von 23 km/h?

Lösung s. Seite 138

Aufgabe 22:

Ein Pkw-Fahrer muss um 12:30 Uhr in einem 115 km entfernten Ort ankommen. Er rechnet mit einer durchschnittlichen Geschwindigkeit von 75 km/h. Wann muss er zu Hause abfahren?

Lösung s. Seite 138

Aufgabe 23:

Der Bordcomputer eines Autos zeigt für den vergangenen Monat eine Durchschnittsgeschwindigkeit von 63 km/h und eine Fahrzeit von 23:15 Stunden an. Wie viele Kilometer war das Auto unterwegs?

Lösung s. Seite 138

Aufgabe 24:

Ein Lkw ist 48 Minuten mit einer Geschwindigkeit von 55 km/h und 1,8 Stunden mit einer Geschwindigkeit von 72 km/h gefahren. Wie viele Kilometer hat er insgesamt zurückgelegt?

Lösung s. Seite 139

Aufgabe 25:

Ein Fahrradfahrer möchte eine bestimmte Strecke in 1,5 Stunden zurücklegen. Wie viele Kilometer ist er unterwegs, wenn er eine Geschwindigkeit von 24 km/h erreicht?

Lösung s. Seite 139

8.4 Beschleunigung, Verzögerung

Die Beschleunigung gibt an, wie schnell sich die Geschwindigkeit eines Körpers ändert. Also z. B. wie schnell ein Auto seine Geschwindigkeit erhöht. Es lässt sich also sagen, je schneller ein Auto von z. B. 0 auf 100 km/h beschleunigt, desto größer ist seine Beschleunigung. Die Verzögerung ist prinzipiell dasselbe wie die Beschleunigung, nur dass hier eben die Geschwindigkeit nicht zunimmt, sondern abgebremst wird.

Die **Formel zur Berechnung von Beschleunigung bzw. Verzögerung** lautet:

$$a = v : t$$

- **a** ist die Beschleunigung/Verzögerung in m/s^2.
- **v** ist die Geschwindigkeit in m/s.
- **t** ist die Zeit in s.

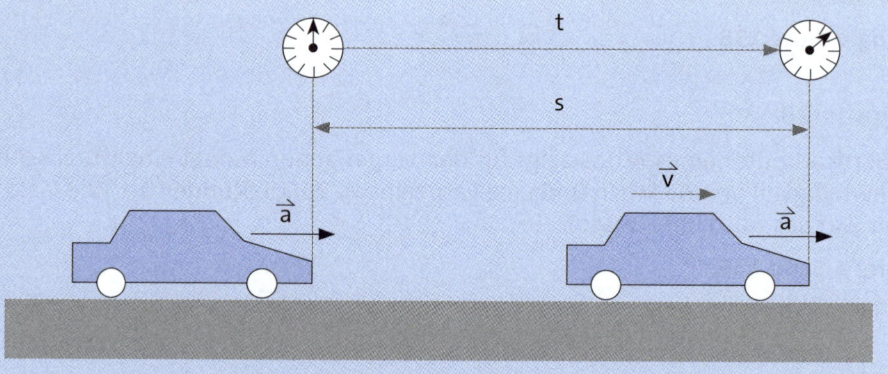

Gleichmäßig beschleunigte Bewegung

(zu Beginn $v = 0 \frac{m}{s}$)

Aufgabe 26:

Ein Pkw beschleunigt innerhalb von 6,5 s von 0 auf 100 km/h. Welcher Beschleunigung entspricht dies?

Lösung s. Seite 140

Aufgabe 27:

Innerhalb von 5 s beschleunigt ein Pkw von 0 auf 70 km/h. Welcher Beschleunigung entspricht dies?

Lösung s. Seite 140

Aufgabe 28:

Ein Auto bremst aus 100 km/h innerhalb von 3,5 s auf 0 km/h ab. Welcher Verzögerung entspricht das?

Lösung s. Seite 140

Aufgabe 29:

Ein Motorrad beschleunigt mit 9,5 m/s^2. Wie lange benötigt es, um von 0 auf 100 km/h zu kommen?

Lösung s. Seite 141

Aufgabe 30:

Wie viele Meter benötigt ein Auto, um mit einer Beschleunigung von 5,0 m/s^2 von 0 auf 70 km/h zu beschleunigen?

Lösung s. Seite 141

Aufgabe 31:

Ein Pkw bremst mit einer Verzögerung von 10,5 m/s^2. Wie viele Meter Bremsweg benötigt er aus einer Geschwindigkeit von 70 km/h?

Lösung s. Seite 142

Aufgabe 32:

Welcher Verzögerung entspricht ein Bremsweg von 16 m aus einer Geschwindigkeit von 45 km/h?

Lösung s. Seite 142

Aufgabe 33:

Ein Pkw bremst innerhalb von 2,5 s aus einer Geschwindigkeit von 90 km/h bis zum Stillstand. Welcher Verzögerung entspricht dies?

Lösung s. Seite 143

Aufgabe 34:

Ein Motorrad beschleunigt innerhalb von 120 m aus dem Stillstand auf eine Geschwindigkeit von 110 km/h. Welcher Beschleunigung entspricht dies?

Lösung s. Seite 143

Aufgabe 35:

Ein Motorrad beschleunigt mit einer Beschleunigung von 8,5 m/s^2. Welche Strecke benötigt es, wenn der Fahrer aus dem Stillstand auf 100 km/h beschleunigt?

Lösung s. Seite 144

9. Arbeit, Leistung

Berechnungen zu Arbeit und Leistung kommen in diversen Aufgabenstellungen vor, daher sind die grundlegenden Kenntnisse dieser Zusammenhänge wichtig.

9.1 Arbeit

Arbeit ist in der Physik die Energie, die durch Kräfte auf einen Körper übertragen wird. Man sagt: An einem Körper wird Arbeit verrichtet bzw. Arbeit geleistet. Das geschieht, indem eine Kraft längs eines Weges auf ihn einwirkt. Die Formel zur Berechnung der Arbeit lautet:

$W = F \cdot s$ bzw.

$W = m \cdot g \cdot h$

- **F** ist die Kraft in N.
- **s** ist der Weg in m.
- **m** ist die Masse in kg.
- **g** ist die Erdbeschleunigung in m/s^2.
- **h** ist die Hubhöhe in m.

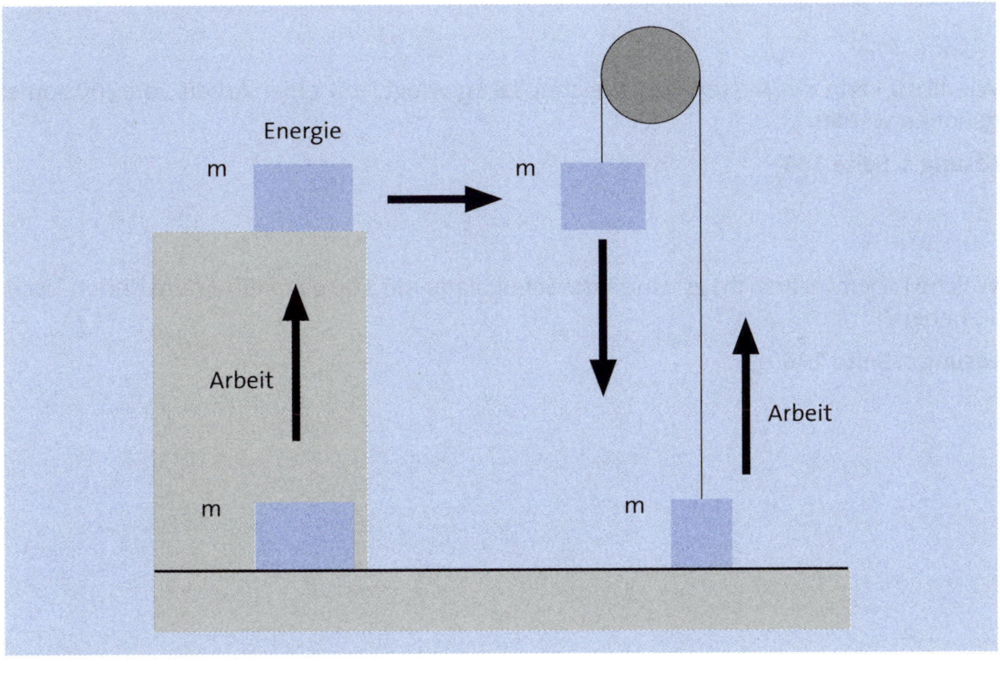

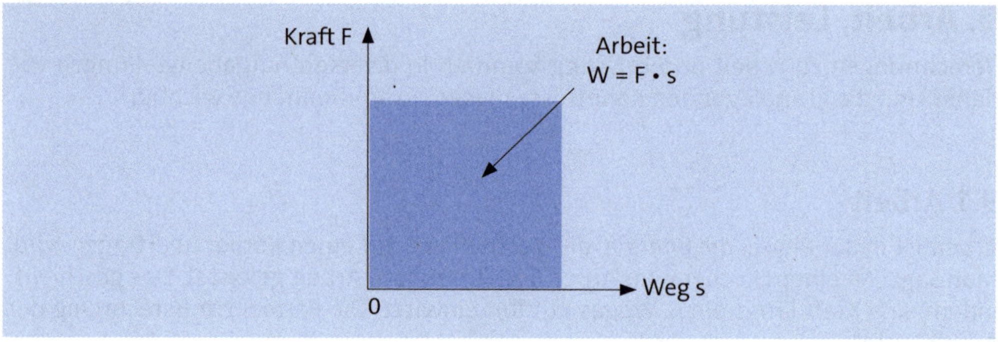

Nachfolgend einige Übungsaufgaben, um die Berechnung der Arbeit zu üben:

Aufgabe 1:

Welche Arbeit ist erforderlich, um eine Kiste mit dem Gewicht von 20 kg auf ein 1,50 m hohes Regal zu heben?

Lösung s. Seite 145

Aufgabe 2:

Wie schwer darf ein Bauteil höchstens sein, wenn es mit einer Arbeit von 55 Joule genau 3 m hochgehoben werden soll?

Lösung s. Seite 145

Aufgabe 3:

Wie hoch kann ein Kasten Bier, welcher 18 kg wiegt, mit einer Arbeit von 200 Joule gehoben werden?

Lösung s. Seite 145

Aufgabe 4:

Welche Arbeit verursacht es, eine Tafel Schokolade mit 100 g auf einen 1 m hohen Tisch zu heben?

Lösung s. Seite 146

Aufgabe 5:

Wie hoch kann eine Tafel Schokolade mit 100 g mit einer Arbeit von 3 Joule gehoben werden?

Lösung s. Seite 146

Aufgabe 6:

Ein Pkw wird auf ebener Strecke über 400 m angeschoben. Hierzu ist eine Kraft von 500 N erforderlich. Welche Arbeit wird hierbei verrichtet?

Lösung s. Seite 146

Aufgabe 7:

Eine Kiste, welche 0,3 kg wiegt und mit 55 Schrauben beladen ist, wird auf ein 2 m hohes Regal gehoben. Das Gewicht einer Schraube beträgt 22 g. Welche Arbeit wird verrichtet?

Lösung s. Seite 147

Aufgabe 8:

Wie viele 22 g schwere Schrauben dürfen in der 0,3 kg schweren Kiste liegen, wenn sie 3 m hoch gehoben werden soll und eine Arbeit von 55 J verrichtet wird?

Lösung s. Seite 147

Aufgabe 9:

Eine Kiste mit einem Gewicht von 7,5 kg wird zunächst auf das erste, 1 m hohe Regalfach gehoben und anschließend auf das zweite, 2 m hohe Regalfach. Welche Arbeit wird verrichtet?

Lösung s. Seite 148

Aufgabe 10:

Eine Arbeit von 150 J wird verrichtet, während eine Kiste 12 m hochgehoben wird. Welches Gewicht hat diese Kiste?

Lösung s. Seite 148

9.2 Leistung

Die Leistung als physikalische Größe bezeichnet die in einer Zeitspanne umgesetzte Energie. Die Leistung hängt also über den Faktor Zeit mit der Arbeit zusammen. Daher spricht man für die Leistung auch von Arbeit pro Zeit. Ihr Formelzeichen ist P, ihre Einheit das Watt mit dem Einheitenzeichen W.

Die Formel zur **Berechnung der Leistung** lautet:

$$P = (m \cdot g \cdot h) : t$$

- **m** ist die Masse in kg.
- **g** ist die Erdbeschleunigung in m/s^2.
- **h** ist die Hubhöhe in m.
- **t** ist die Zeit in s.

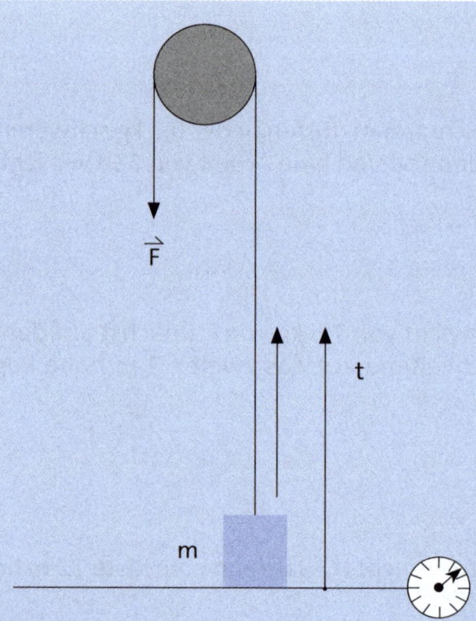

Leistung

$$P = \frac{W}{t} = \frac{E}{t}$$

P: Leistung (W)
W: Arbeit (J)
E: Energie (J)
t: Zeit (s)

Aufgabe 11:

Welche Leistung ist erforderlich, um einen 200 kg schweren Schrank innerhalb von 10 s um 2 m hoch zu heben?

Lösung s. Seite 149

Aufgabe 12:

Welche Leistung ist erforderlich, um einen 200 kg schweren Schrank innerhalb von 5 s um 2 m hoch zu heben?

Lösung s. Seite 149

Aufgabe 13:

Wie schwer darf eine Kiste sein, wenn eine Leistung von 500 Watt zur Verfügung steht, um sie innerhalb von 10 s um 3 m anzuheben?

Lösung s. Seite 149

Aufgabe 14:

Ein Antrieb stellt eine Leistung von 800 Watt bereit. Wie hoch kann damit ein 18 kg schwerer Bierkasten innerhalb von 3 s gehoben werden?

Lösung s. Seite 150

Aufgabe 15:

Wie schnell kann der 18 kg schwere Bierkasten mit einem 800 Watt Antrieb auf eine Höhe von 8 m gehoben werden?

Lösung s. Seite 150

Aufgabe 16:

Der 18 kg schwere Bierkasten soll in einem Lager innerhalb von 4 s um 12 m angehoben werden. Welche Leistung ist hierzu erforderlich?

Lösung s. Seite 150

Aufgabe 17:

Das Schieben eines Motorrades benötigt eine Kraft von 350 N. Welche Leistung wird benötigt, wenn es innerhalb von 45 s eine Strecke von 200 m geschoben werden soll?

Lösung s. Seite 151

Aufgabe 18:

An einem Auto wird eine Leistung von 400 Watt verrichtet. Wie weit kann es damit in 12 s geschoben werden, wenn eine Kraft von 450 N erforderlich ist?

Lösung s. Seite 151

Aufgabe 19:

Ein Auto wird mit 300 N angeschoben und zwar in drei Etappen insgesamt 500 m weit. Dafür benötigte man 8 s für die erste Etappe, 13 s für die zweite und 10 s für die dritte Etappe. Welche Leistung wurde hier erbracht?

Lösung s. Seite 151

Aufgabe 20:

Ein Antrieb stellt eine Leistung von 1,2 kW bereit. Kann damit eine 200 kg schwere Kiste in 8 s auf ein Regal von 8 m Höhe gehoben werden?

Lösung s. Seite 152

10. Belastungen, Festigkeit

Berechnungen zu möglichen Belastungen von Bauteilen sind ebenfalls eine immer wiederkehrende Thematik im Fach NTG. Also z. B.: Welche Kräfte kann ein Bauteil aufnehmen oder auch welche Kraft ist erforderlich um ein Bauteil zu schneiden bzw. zu zerteilen? Dies ist immer abhängig vom Werkstoff und natürlich vom Querschnitt des zu schneidenden Stoffs.

Die Formel zur Berechnung lautet:

$$F = S \cdot \tau$$

- **F** ist die Scherkraft in N.
- **S** ist die Scherfläche bzw. Querschnittsfläche in mm².
- **τ** (sprich Tau) ist die Scherfestigkeit in N/mm².

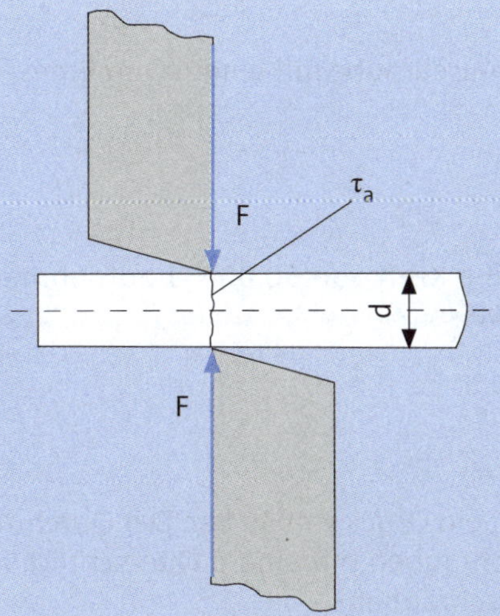

Abscherung Kräfte

Die für die nachfolgenden Berechnungen gültige Scherfestigkeit für Stahl beträgt τ = 600 N/mm².

Aufgabe 1:

Ein 2 m langes Stahlblech mit 3 mm Dicke soll abgeschnitten werden. Welche Kraft ist hierfür erforderlich?

Lösung s. Seite 153

Aufgabe 2:

Ein Rundstahl mit 25 mm Durchmesser wird abgeschert. Welche Kraft ist erforderlich?

Lösung s. Seite 153

Aufgabe 3:

Welchen Querschnitt muss eine Zugstange aus Stahl besitzen, wenn sie eine Kraft von 2.500 N aufnehmen muss?

Lösung s. Seite 153

Aufgabe 4:

Ein quadratischer Stahl-Träger mit 55 mm Seitenlänge soll eine Kraft von 1.000 kN aufnehmen. Hält er diese Belastung aus?

Lösung s. Seite 154

Aufgabe 5:

Welche Kraft kann eine Stahlschraube mit einem Durchmesser von 8 mm aufnehmen?

Lösung s. Seite 154

Aufgabe 6:

Eine Stahlschraube soll eine Kraft von 50.000 N aufnehmen. Welchen Durchmesser muss sie mindestens aufweisen?

Lösung s. Seite 155

Aufgabe 7:

In einem Behälter herrscht ein Druck von 50 bar. Der Durchmesser des Deckels beträgt 250 mm. Wie viele Stahlschrauben mit einem Querschnitt von 58 mm^2 sind erforderlich, um den Deckel zu verschrauben?

Lösung s. Seite 155

Aufgabe 8:

Welcher Druck darf in einem Behälter vorliegen, wenn der Deckel mit 200 mm Durchmesser mit 12 Stahlschrauben, welche einen Querschnitt von je 78 mm^2 aufweisen, verschraubt ist?

Lösung s. Seite 156

Aufgabe 9:

In einem Behälter herrscht ein Druck von 70 bar. Welchen Durchmesser darf der Deckel aufweisen, wenn er mit 10 Stahlschrauben mit einem Querschnitt von je 78 mm^2 verschraubt ist?

Lösung s. Seite 157

Aufgabe 10:

Wie dick darf ein Stahlblech maximal sein, wenn es mit einer Kraft von 800.000 N auf einer Länge von 1 m abgeschert werden soll?

Lösung s. Seite 158

11. Kombinierte Aufgaben

Abschließend sollen noch einige Übungsaufgaben dargestellt werden, welche verschiedene Themenbereiche der vorigen Kapitel in loser Reihenfolge kombinieren. Dadurch soll vor allem ein Verständnis für die Zusammenhänge geschaffen werden, denn in den Prüfungen bestehen die Aufgaben häufig aus einer Kombination mehrerer Themen.

Aufgabe 1:

Ein 1.400 kg schwerer Pkw fährt in 7 Minuten einen 1.200 m hohen Berg hinauf. Dabei legt er eine Strecke von 5.600 m zurück. Mit welcher Geschwindigkeit fährt der Pkw und welche Leistung ist hierfür notwendig?

Lösung s. Seite 159

Aufgabe 2:

Ein Drehstrom-Elektromotor besitzt eine aufgenommene Leistung von 8,5 kW. Welche Leistung kann er abgeben, wenn 12 % Verluste zu berücksichtigen sind?

Lösung s. Seite 159

Aufgabe 3:

Welche Energie besitzt ein 25 kg schwerer Fernseher, der auf einem 1,20 m hohen Regal steht?

Lösung s. Seite 159

Aufgabe 4:

Mit welcher Geschwindigkeit trifft eine Kiste am Boden auf, wenn sie 15 kg schwer ist und aus 4 m auf den Boden fällt?

Lösung s. Seite 160

Aufgabe 5:

Eine Wippe befindet sich im Gleichgewicht. Ein Kind wiegt 25 kg und sitzt 1,12 m vom Drehpunkt entfernt, das andere Kind wiegt 28 kg und sitzt 1 m vom Drehpunkt entfernt. Nun setzt sich statt des 25 kg schweren Kindes ein anderes Kind mit 30 kg auf dieselbe Position. Wie weit muss das verbliebene 28 kg schwere Kind nach außen rutschen, damit die Wippe im Gleichgewicht bleibt?

Lösung s. Seite 160

Aufgabe 6:

Ein Auto fährt eine Strecke von 1.720 m in 1,5 Minuten. Anschließend verzögert es mit einer Verzögerung von 8,0 m/s^2 bis zum Stillstand. Mit welcher Geschwindigkeit fuhr es und welchen Bremsweg benötigt es?

Lösung s. Seite 160

Aufgabe 7:

Zwei 30 Ω Widerstände liegen in Reihe an 24 V. Nun werden zusätzlich zwei parallel geschaltete 20 Ω Widerstände vor die beiden 30 Ω Widerstände geschaltet. Wie groß ist der Gesamtwiderstand und welcher Strom fließt hier?

Lösung s. Seite 161

Aufgabe 8:

Drei gleich große Widerstände liegen in Reihe an 24 V. Es wird eine Leistung von 30 W umgesetzt. Wie groß ist jeder einzelne Widerstand?

Lösung s. Seite 162

Aufgabe 9:

Drei gleich große Widerstände liegen parallel an 24 V. Es wird eine Leistung von 30 W umgesetzt. Wie groß ist jeder einzelne Widerstand?

Lösung s. Seite 162

Aufgabe 10:

Auf eine Stahl-Schraube mit einem Durchmesser von 10 mm wirkt ein Drehmoment von 110 Nm. Zu wie viel Prozent ist die Schraube belastet bezogen auf ihre maximale Festigkeit von 600 N/mm^2?

Lösung s. Seite 163

2. Grundrechenarten, Prozentrechnen, Brüche

Die Lösungen zu den Aufgaben sind möglichst ausführlich dargestellt, um die einzelnen Rechenschritte bestmöglich nachvollziehen und verstehen zu können.

2.1 Plus, Minus, Mal, Geteilt

Lösung zu Aufgabe 1:

$5 + 7 \cdot 3 = \mathbf{26}$

Zuerst wird $7 \cdot 3 = 21$ und anschließend $21 + 5 = 26$ gerechnet.

Lösung zu Aufgabe 2:

$44 - 3 \cdot 8 = \mathbf{20}$

Zuerst wird $3 \cdot 8 = 24$ und anschließend $44 - 24 = 20$ gerechnet.

Lösung zu Aufgabe 3:

$50 + 20 : 5 = \mathbf{54}$

Die erste Berechnung lautet $20 : 5 = 4$ und die zweite Berechnung ist $50 + 4 = 54$.

Lösung zu Aufgabe 4:

$(4 + 7) \cdot 6 = \mathbf{66}$

Zuerst muss die Klammer berechnet werden $4 + 7 = 11$ und anschließend $11 \cdot 6 = 66$.

Lösung zu Aufgabe 5:

$5 \cdot 7 : (2 + 3) = \mathbf{7}$

Das Berechnen der Klammer ergibt $2 + 3 = 5$, anschließend wird die Multiplikation durchgeführt $5 \cdot 7 = 35$ und zuletzt die Division $35 : 5 = 7$.

Lösung zu Aufgabe 6:

$8 + 3 \cdot (10 - 3) = \mathbf{29}$

Hier ergibt die Klammer $10 - 3 = 7$, anschließend wird die Multiplikation durchgeführt (Punkt vor Strich!), also $3 \cdot 7 = 21$ und abschließend noch die Addition $8 + 21 = 29$.

Lösung zu Aufgabe 7:

(4 + 5) : (6 - 3) = **3**

Hier müssen zunächst beide Klammern berechnet werden, also 4 + 5 = 9 und 6 - 3 = 3. Erst dann kann die Division durchgeführt werden 9 : 3 = 3.

Lösung zu Aufgabe 8:

8 : (9 - 7) + 5 = **9**

Das Berechnen der Klammer ergibt 9 - 7 = 2, anschließend wird 8 : 2 = 4 berechnet und zuletzt 4 + 5 = 9.

Lösung zu Aufgabe 9:

12 - (2 + 1) • 2 = **6**

Hier ergibt die Klammer 2 + 1 = 3, danach erfolgt die Berechnung 3 • 2 = 6 und zuletzt die Subtraktion 12 - 6 = 6.

Lösung zu Aufgabe 10:

(12 - 8) + (7 - 3) : 2 = **6**

Anfangs müssen beide Klammern berechnet werden, also 12 - 8 = 4 und 7 - 3 = 4, anschließend 4 : 2 = 2 (Punkt vor Strich!) und zuletzt 4 + 2 = 6.

2.2 Prozentrechnen

Lösung zu Aufgabe 11:

30 % von 500 kg = **150 kg**

Hier müssen wir in die Formel einsetzen:

$$\text{Prozentwert} = \frac{30\,\%}{100\,\%} \cdot 500\text{ kg} = \mathbf{150\text{ kg}}$$

Lösung zu Aufgabe 12:

Wie viel Prozent sind 50 kg von 300 kg?

Hier müssen wir berechnen:

$$\frac{50\text{ kg}}{300\text{ kg}} \cdot 100\,\% = \mathbf{16{,}67\,\%}$$

Lösung zu Aufgabe 13:

Ein 25 m langer Abschnitt eines Seils entspricht 20 %. Wie lang war das ganze Seil (= 100 %)?

Hier müssen wir berechnen:

$$\frac{100\,\%}{20\,\%} \cdot 25\text{ m} = \mathbf{125\ m}$$

Lösung zu Aufgabe 14:

Ein Mieter muss für seine Wohnung 28 % seines Lohnes bezahlen. Er verdient 1.900 €. Wie hoch ist seine Miete?

Die Berechnung lautet:

$$\frac{28\,\%}{100\,\%} \cdot 1.900\text{ €} = \mathbf{532\ €}$$

Lösung zu Aufgabe 15:

Ein Facharbeiter spart jeden Monat 150 € von seinem Verdienst von 1.800 € für die jährliche Urlaubsreise. Wie viel Prozent entspricht dies?

Die Berechnung lautet:

$$\frac{150\text{ €}}{1.800\text{ €}} \cdot 100\,\% = \mathbf{8{,}33\ \%}$$

Lösung zu Aufgabe 16:

Von einer Lieferung sind 178 Bauteile fehlerhaft, dies entspricht 1,7 %. Wie viele Bauteile umfasste die Lieferung?

Die Berechnung lautet:

$$\frac{100\,\%}{1{,}7\,\%} \cdot 178\text{ Stück} = \mathbf{10.471\ Stück}$$

Lösung zu Aufgabe 17:

Wenn ein Pkw in den ersten zwei Jahren 28 % seines Neupreises von 49.900 € verliert, wie viel Euro bekommt der Verkäufer, wenn er ihn nach zwei Jahren verkauft?

Die Berechnung lautet:

$$\frac{28\,\%}{100\,\%} \cdot 49.900\,€ = 13.972\,€$$

Dies ist der Verlust, der vom Neupreis abgezogen werden muss, um den Verkaufspreis zu ermitteln:

49.900 € - 13.972 € = **35.928 €**

Lösung zu Aufgabe 18:

Auf ein Bearbeitungszentrum erhalten Sie 7,5 % Messerabatt auf den Listenpreis von 650.000 €. Welchem Rabatt in Euro entspricht das?

Die Berechnung lautet:

$$\frac{7{,}5\,\%}{100\,\%} \cdot 650.000\,€ = \mathbf{48.750\,€}$$

Lösung zu Aufgabe 19:

Ein Schichtleiter erhält bisher 1.970 €. Nun erhält er eine Lohnerhöhung von 2,8 %. Wie viel verdient er zukünftig?

Die Berechnung lautet:

$$\frac{2{,}8\,\%}{100\,\%} \cdot 1.970\,€ = 55{,}16\,€$$

Dies entspricht der Erhöhung, daher verdient er zukünftig:

1.970 € + 55,16 € = **2.025,16 €**

Lösung zu Aufgabe 20:

Ein Facharbeiter verdient 1.854 € nachdem er eine Lohnerhöhung von 3 % erhalten hat. Wie viel verdiente er vorher?

Die Berechnung lautet:

$$\frac{100\ \%}{103\ \%} \cdot 1.854\ € = \mathbf{1.800\ €}$$

Hier muss praktisch rückwärts gerechnet werden, da der Lohn vor der Erhöhung 100 % betragen hat und dann um 3 % erhöht wurde, also anschließend 103 % beträgt.

2.3 Bruchrechnen

Lösung zu Aufgabe 21:

$$\frac{5}{8} \cdot \frac{6}{3} = \frac{30}{24} = \mathbf{\frac{5}{4}}$$

Hier wird der Zähler mit dem Zähler multipliziert und der Nenner mit dem Nenner. Anschließend wird das Ergebnis noch soweit wie möglich gekürzt.

Lösung zu Aufgabe 22:

Schreibe $\frac{7}{5}$ als Dezimalzahl.

Bei einer Umrechnung von einem Bruch in eine Dezimalzahl muss zuerst der Nenner betrachtet werden. Hier ist der Nenner 5, das bedeutet, dass wir zunächst rechnen müssen: 1 : 5 = 0,2

Anschließend wird das Ergebnis mit dem Nenner multipliziert: 0,2 • 7 = **1,4** und wir erhalten das Ergebnis als Dezimalzahl.

Lösung zu Aufgabe 23:

$$\frac{3}{8} + \frac{4}{8} = \mathbf{\frac{7}{8}}$$

Hier ist der Nenner bereits gleich, so müssen nur die beiden Zähler addiert werden.

Lösung zu Aufgabe 24:

$$\frac{5}{8} : \frac{6}{3} = \frac{5}{8} \cdot \frac{3}{6} = \frac{15}{48} = \mathbf{\frac{5}{16}}$$

Hier muss der zweite Bruch gedreht werden und dann mit dem ersten Bruch multipliziert werden. Abschließend wird das Ergebnis noch gekürzt.

Lösung zu Aufgabe 25:

Wieviel sind $\frac{12}{8}$ von 300 €?

Hier muss zuerst berechnet werden, wie viel $\frac{1}{8}$ von 300 € beträgt, also:

300 € : 8 = 37,50 €.

Anschließend wird das Ergebnis mit 12 multipliziert, da ja $\frac{12}{8}$ gesucht sind:

37,50 € • 12 = **450 €**

Lösung zu Aufgabe 26:

$$\frac{5}{4} \cdot \frac{6}{12} = \frac{30}{48} = \mathbf{\frac{5}{8}}$$

Hier muss der Zähler mit dem Zähler und der Nenner mit dem Nenner multipliziert werden. Abschließend wird noch soweit wie möglich gekürzt.

Lösung zu Aufgabe 27:

$$\frac{5}{8} - \frac{6}{3} = \frac{15}{24} - \frac{48}{24} = -\frac{33}{24} = -\mathbf{\frac{11}{8}}$$

Zuerst müssen beide Brüche erweitert werden, um sie auf denselben Nenner zu bringen. Anschließend wird die Subtraktion durchgeführt; das Ergebnis ist hier negativ, also eine Minuszahl. Abschließend wird das Ergebnis noch gekürzt.

Lösung zu Aufgabe 28:

$$\frac{5}{12} + \frac{12}{5} = \frac{25}{60} + \frac{144}{60} = \mathbf{\frac{169}{60}}$$

Zuerst müssen beide Brüche erweitert werden, um sie auf denselben Nenner zu bringen. Anschließend wird die Addition durchgeführt. Ein abschließendes Kürzen ist hier nicht mehr möglich.

Lösung zu Aufgabe 29:

$$\frac{10}{2} \cdot \frac{2}{10} = \frac{20}{20} = \mathbf{1}$$

Hier muss nur der Zähler mit dem Zähler und der Nenner mit dem Nenner multipliziert werden. Das Ergebnis wird abschließend gekürzt.

Lösung zu Aufgabe 30:

$$\frac{10}{2} : \frac{2}{10} = \frac{10}{2} \cdot \frac{10}{2} = \frac{100}{4} = \frac{25}{1} = \mathbf{25}$$

Hier muss der zweite Bruch gedreht werden und dann mit dem ersten Bruch multipliziert werden. Abschließend wird das Ergebnis noch gekürzt.

2.4 Potenzrechnung

Lösung zu Aufgabe 31:

Schreiben Sie folgende Zahl in Zehnerpotenzen: 3.250.000.

Die Zahl 3.250.000 entspricht ja 3,25 Mio. Daher benötigen wir hier die Zehnerpotenz für Millionen, also 10^6. Das bedeutet 3.250.000 entsprechen in Potenzschreibweise **$3{,}25 \cdot 10^6$**.

Lösung zu Aufgabe 32:

Welche Zahl entspricht 2^8?

Hier müssen wir $2 \cdot 2 \cdot 2 \cdot 2 \cdot 2 \cdot 2 \cdot 2 \cdot 2 =$ **256** berechnen, also insgesamt achtmal die Zahl 2 mit sich selbst multiplizieren.

Lösung zu Aufgabe 33:

Berechnen Sie $10^4 + 10^5$.

Hier muss zuerst der Wert der ersten Zehnerpotenz, also $10 \cdot 10 \cdot 10 \cdot 10 = 10.000$ und dann den Wert der zweiten Zehnerpotenz, also $10 \cdot 10 \cdot 10 \cdot 10 \cdot 10 = 100.000$ berechnet werden und anschließend werden beide addiert: 10.000 + 100.000 = **110.000**.

Lösung zu Aufgabe 34:

Berechnen Sie das Ergebnis von $2^3 + 5^4$.

Hier muss der Wert der ersten Potenz berechnet werden, also $2 \cdot 2 \cdot 2 = 8$ und anschließend der Wert der zweiten Potenz: $5 \cdot 5 \cdot 5 \cdot 5 = 625$. Abschließend werden beide Ergebnisse addiert 8 + 625 = **633**.

Lösung zu Aufgabe 35:

Berechnen Sie das Ergebnis von: $5^2 - 2^3$.

Von $5 \cdot 5 = 25$ wird $2 \cdot 2 \cdot 2 = 8$ subtrahiert, also 25 - 8 = **17**

Lösung zu Aufgabe 36:

Schreiben Sie $5 \cdot 5 \cdot 5 \cdot 5 \cdot 5 \cdot 5$ in Potenzschreibweise.

Hier ist die Ziffer 5 insgesamt sechsmal in der Multiplikation mit sich selbst vorhanden, daher ergibt sich in Potenzschreibweise $5 \cdot 5 \cdot 5 \cdot 5 \cdot 5 \cdot 5 = \mathbf{5^6}$.

Lösung zu Aufgabe 37:

Schreiben Sie 9^4 in ausführlicher Schreibweise, also als $9 \cdot 9 \cdot$...

Die Potenz 9^4 bedeutet $\mathbf{9 \cdot 9 \cdot 9 \cdot 9}$ (das Ergebnis wäre 6.561). Die Ziffer 9 muss also viermal in der Multiplikation mit sich selbst vorhanden sein.

Lösung zu Aufgabe 38:

Berechnen Sie das Ergebnis von $5^4 + 9^3$.

Die erste Potenz 5^4 ergibt $5 \cdot 5 \cdot 5 \cdot 5 = 625$ und die zweite Potenz ergibt $9 \cdot 9 \cdot 9 = 729$. Insgesamt also $625 + 729 =$ **1.354**.

Lösung zu Aufgabe 39:

Geben Sie das Ergebnis der Berechnung $4^7 + 6^5$ als Zehnerpotenz an.

Die erste Potenz ergibt $4 \cdot 4 \cdot 4 \cdot 4 \cdot 4 \cdot 4 \cdot 4 = 16.384$ und die zweite Potenz $6 \cdot 6 \cdot 6 \cdot 6 \cdot 6 = 7.776$. Damit ergibt sich insgesamt $16.384 + 7.776 = 24.160 =$ **$24{,}16 \cdot 10^3$ oder $2{,}42 \cdot 10^4$**.

Lösung zu Aufgabe 40:

Welche Zahl steckt hinter der Zehnerpotenz $3{,}25 \cdot 10^4$?

Die Zehnerpotenz 10^4 bedeutet $10 \cdot 10 \cdot 10 \cdot 10 = 10.000$. Dies nun mit 3,25 multipliziert ergibt insgesamt also $3{,}25 \cdot 10.000 =$ **32.500**.

2.5 Radizieren

Lösung zu Aufgabe 41:

$\sqrt{36}$ = **?**

Die Wurzel aus 36 ist die **6**, denn 6 • 6 = 36.

Lösung zu Aufgabe 42:

$\sqrt{4} + \sqrt{100}$ = **?**

Die erste Berechnung, die Wurzel aus 4 ergibt 2 (da 2 • 2 = 4) und die Wurzel aus 100 ergibt 10 (da 10 • 10 = 100). Die Addition ergibt dann 2 + 10 = **12**.

Lösung zu Aufgabe 43:

$\sqrt{5^2}$ = **?**

Hier soll die Wurzel aus der Zahl 5^2, also 5 • 5 berechnet werden. Da das Radizieren (Wurzel ziehen) die Gegenoperation zu Quadrieren ist, heben sich hier die beiden auf. Das Ergebnis bleibt also **5**.

Lösung zu Aufgabe 44:

Berechnen Sie die Wurzel aus dem Ergebnis von 37 + 27.

Das Ergebnis aus 37 + 27 = 64, hieraus die Wurzel ist die **8** (denn 8 • 8 = 64).

Lösung zu Aufgabe 45:

Nachdem eine Zahl zweimal hintereinander quadriert wurde, ist das Ergebnis 81. Welches war die Ausgangszahl?

Hier muss zweimal die Wurzel gezogen werden, um zu wissen, welche Zahl hier zweimal quadriert wurde. Die Wurzel aus 81 ist die 9 (da 9 • 9 = 81) und die Wurzel aus 9 ist die 3 (da 3 • 3 = 9). Das Ergebnis lautet also **3**.

3. Umrechnungen

3.1 Umrechnen von Längen, Flächen, Volumina

Lösung zu Aufgabe 1:

Wie viele Millimeter (mm) sind 176 cm?

Die Umrechnung von Zentimeter in Millimeter erfolgt, indem man die Zentimeter mit 10 multipliziert, da der Zusammenhang 1 cm entspricht 10 mm ist. Hier entsprechen 176 cm also **1.760 mm**.

Lösung zu Aufgabe 2:

Wie vielen Dezimetern (dm) entsprechen 2.058 mm?

Die Umrechnung von Millimeter in Dezimeter erfolgt, indem man die Millimeter durch 100 dividiert, da der Zusammenhang 1 dm entspricht 100 mm ist. Hier entsprechen 2.058 mm also **20,58 dm**.

Lösung zu Aufgabe 3:

Eine Fläche von 17 cm^2 entspricht wie vielen Quadrat-Millimetern (mm^2)?

Die Umrechnung von Quadrat-Zentimeter (cm^2) in Quadrat-Millimeter (mm^2) erfolgt, indem man mit 100 multipliziert, da der Zusammenhang 1 cm^2 entspricht 100 mm^2 ist, da es sich hier um eine Flächenangabe handelt. Hier entsprechen 17 cm^2 also **1.700 mm^2**.

Lösung zu Aufgabe 4:

Ein Grundstück ist 940 m^2 groß. Wie vielen Quadrat-Kilometern (km^2) entspricht dies?

Die Umrechnung von Quadrat-Meter (m^2) in Quadrat-Kilometer (km^2) erfolgt, indem man durch 1.000.000 dividiert. Der Zusammenhang ist 1 km^2 entspricht 1.000.000 m^2, da es sich hier um eine Flächenangabe handelt. Hier entsprechen 940 m^2 also **0,000940 km^2**.

Lösung zu Aufgabe 5:

Die Matratze eines Bettes ist 2 m lang und 1,4 m breit. Wie viele Quadrat-Meter (m^2) Fläche hat diese Matratze?

Die Berechnung einer Fläche erfolgt durch die Multiplikation der Länge und der Breite.

$A = L \cdot B$ $= 2{,}0\,m \cdot 1{,}4\,m =$ **$2{,}8\,m^2$**

Lösung zu Aufgabe 6:

Ein Volumen von 1 Kubik-Dezimeter (dm^3) entspricht wie vielen Kubik-Millimetern (mm^3)?

Die Umrechnung von Kubik-Dezimeter (dm^3) in Kubik-Millimetern (mm^3) erfolgt, indem man mit 1.000.000 multipliziert. Der Zusammenhang ist 1 dm^3 entspricht 1.000.000 mm^3, da es sich hier um eine Volumenangabe handelt. Hier entsprechen 1 dm^3 also **1.000.000 mm^3**.

Lösung zu Aufgabe 7:

Ein rechteckiger Wasserbehälter mit einer Länge von 50 cm, einer Breite von 30 cm und einer Höhe von 20 cm ist randvoll gefüllt. Wie vielen Litern (= dm^3) Wasser entspricht das?

Hier muss das Volumen des Behälters berechnet werden:

$$V = L \cdot B \cdot H$$

Am besten wird gleich in der gewünschten Zieleinheit eingesetzt, also hier in Dezimetern (dm):

$V = 5\ dm \cdot 3\ dm \cdot 2\ dm =$ **$30\ dm^3$ (= Liter)**

Lösung zu Aufgabe 8:

Wie viele Liter Wasser kann ein Eimer mit einem Durchmesser von 0,5 m und einer Höhe von 70 cm aufnehmen?

Hier muss zunächst die Grundfläche des Eimers ausgerechnet werden, also:

$A = d^2 \cdot \pi : 4$ $= (5\ dm)^2 \cdot \pi : 4 = 19{,}63\ dm^2$

Anschließend muss das Volumen berechnet werden mit:

$V = A \cdot h$ $= 19{,}63\ dm^2 \cdot 7\ dm =$ **$137{,}38\ dm^3$ (= Liter)**

Lösung zu Aufgabe 9:

Ein rechteckiger Behälter soll 100 l aufnehmen können. Wie hoch muss er sein, wenn er eine Länge von 60 cm und eine Breite von 40 cm besitzt?

Auch hier muss zunächst die Grundfläche berechnet werden mit:

$A = L \cdot B$ $= 6\ \text{dm} \cdot 4\ \text{dm} = 24\ \text{dm}^2$

Anschließend muss die Formel $V = A \cdot h$ nach h umgestellt werden:

$h = V : A = 100\ \text{dm}^3 : 24\ \text{dm}^2 =$ **$4{,}17\ \text{dm}$** $(= 41{,}7\ \text{cm})$

Lösung zu Aufgabe 10:

Ein kreisrunder Eimer, welcher 10 l Inhalt besitzen soll, ist 30 cm hoch. Welchen Durchmesser (in Zentimeter) muss dieser haben?

Die Formel $V = A \cdot h$ muss umgestellt werden, jetzt aber nach der Fläche A.

$A = V : h = 10\ \text{dm}^3 : 3\ \text{dm} = 3{,}33\ \text{dm}^2$

Um anschließend daraus den Durchmesser mit der Grundformel zu berechnen:

$A = d^2 \cdot \pi : 4$

Diese wird nach d umgestellt und es ergibt sich:

$d = \sqrt{(4 \cdot A) : \pi} = \sqrt{(4 \cdot 3{,}33\ \text{dm}^2) : \pi} = 2{,}06\ \text{dm} =$ **$20{,}6\ \text{cm}$**

3.2 Geometrische Grundlagen

Lösung zu Aufgabe 11:

Welcher Winkel Alpha (α) liegt bei einer Länge von 5 cm für die Ankathete und 8 cm für die Hypotenuse vor?

Für die vorgegebene Beziehung Ankathete zu Hypotenuse wird die folgende Formel verwendet:

$\cos\alpha = AK : Hyp$

Damit hier der Wert des Winkels α errechnet wird, ist es notwendig mit dem Taschenrechner den $\cos^{-1}$ bzw. invcos von 5 cm : 8 cm = 0,625 zu berechnen. Dieser ergibt einen Winkel von $\boldsymbol{\alpha}$ **= 51,32°**. Denn der cos-Wert des Winkels von 51,32° beträgt 0,625, was dem Verhältnis von Ankathete zu Hypotenuse entspricht (5 : 8 = 0,625).

Lösung zu Aufgabe 12:

Was besagt ein Sinus von 45°?

Die Berechnung des Sinuswerts von 45° ergibt als Wert **0,71**. Dies bedeutet, es gilt für das Verhältnis Gegenkathete zu Hypotenuse ein Verhältnis von 0,71. Das wäre z. B. bei einer Länge der Gegenkathete von 7,1 cm und einer Länge von 10 cm für die Hypotenuse der Fall.

Lösung zu Aufgabe 13:

Was bedeutet ein Cosinus von 45°?

Die Berechnung des Cosinuswerts von 45° ergibt als Wert ebenfalls **0,71**. Dies bedeutet, es gilt für das Verhältnis Ankathete zu Hypotenuse ein Verhältnis von 0,71. Das wäre z. B. bei einer Länge der Ankathete von 7,1 cm und einer Länge von 10 cm für die Hypotenuse der Fall.

Lösung zu Aufgabe 14:

Was besagt ein Tangens von 45°?

Die Berechnung des Tangenswerts von 45° ergibt als Wert **1,0**. Dies bedeutet, es gilt für das Verhältnis Gegenkathete zu Ankathete ein Verhältnis von 1. Das wäre z. B. bei einer Länge der Gegenkathete von 5 cm und einer Länge von 5 cm für die Ankathete der Fall.

Lösung zu Aufgabe 15:

Welche Länge hat die Hypotenuse eines rechtwinkligen Dreiecks, wenn die Ankathete 12 cm und die Gegenkathete 15 cm lang sind?

Die Summe der Kathetenquadrate ist gleich dem Quadrat der Hypotenuse besagt der Satz des Pythagoras:

$$a^2 + b^2 = c^2$$

Um die Länge der Hypotenuse zu erhalten, wird also berechnet:

$c = \sqrt{(12^2 + 15^2)} = \sqrt{369} =$ **19,21 cm**

Lösung zu Aufgabe 16:

Die Hypotenuse eines rechtwinkligen Dreiecks ist 20 cm lang. Die Ankathete ist 10 cm lang. Wie lang ist die Gegenkathete?

Auch hier gilt als Zusammenhang der Satz des Pythagoras:

$a^2 + b^2 = c^2$

Da hier die Ankathete und die Hypotenuse gegeben ist, gilt hier umgestellt:

$b^2 = c^2 - a^2$ und schließlich $b = \sqrt{(c^2 - a^2)}$

Eingesetzt ergibt sich:

$b = \sqrt{(20^2 - 10^2)} = \sqrt{300} =$ **17,32 cm**

Lösung zu Aufgabe 17:

Wenn die Ankathete 12 cm lang ist und der Winkel α zwischen Ankathete und Hypotenuse 60° beträgt, wie lang ist dann die Gegenkathete?

Hier benötigen wir als Formel den Tangens, da er den Zusammenhang von Gegenkathete zu Ankathete angibt.

Es gilt also:

$\tan \alpha = GK : AK$

oder umgestellt:

$GK = \tan \alpha \cdot AK = \tan 60° \cdot 12$ cm = **20,78 cm**

Lösung zu Aufgabe 18:

Ein rechtwinkliges Dreieck hat einen Umfang von 12 cm. Die Ankathete ist 3 cm und die Hypotenuse 5 cm lang. Wie lang ist die Gegenkathete?

Zunächst sind von den 12 cm des Umfangs die 3 cm und die 5 cm abzuziehen, dadurch ergibt sich die Länge der Gegenkathete von 4 cm.

Lösung zu Aufgabe 19:

Wie lang muss die Hypotenuse sein in einem rechtwinkligen Dreieck mit der Ankathete von 2 cm und einer Gegenkathete von 3 cm?

Hier lässt sich mithilfe des Satz des Pythagoras die Hypotenuse einfach und schnell berechnen:

$$c^2 = a^2 + b^2$$

oder umgestellt: $c = \sqrt{(a^2 + b^2)}$

und eingesetzt: $c = \sqrt{(2^2 + 3^2)}$ cm $= \sqrt{13}$ cm = **3,61 cm**

Lösung zu Aufgabe 20:

Welchen Umfang besitzt ein rechtwinkliges Dreieck mit einer Ankathete von 5 cm und einer Gegenkathete von 7 cm?

Zunächst lässt sich mithilfe des Satz des Pythagoras die Hypotenuse berechnen.

$$c^2 = a^2 + b^2$$

oder umgestellt:

$c = \sqrt{(a^2 + b^2)}$

und eingesetzt:

$c = \sqrt{(5^2 + 7^2)}$ cm $= \sqrt{74}$ cm = 8,60 cm

Der Umfang lässt sich abschließend berechnen durch:

5 cm + 7 cm + 8,60 cm = **20,60 cm**

4. Formeln umstellen

Lösung zu Aufgabe 1:

Die Formel **A = B • C** soll nach B umgestellt werden, d. h. es soll anschließend **B = ...** stehen.

Damit hier B allein steht, muss die Gegenoperation zur Verknüpfung mit C durchgeführt werden. Es muss also durch C geteilt werden.

Dadurch steht dann: **B = A : C**

Lösung zu Aufgabe 2:

Die Formel **A = B • C** soll nach C umgestellt werden, d. h. es soll anschließend **C = ...** stehen.

Damit hier C allein steht, muss die Gegenoperation zur Verknüpfung mit B durchgeführt werden. Es muss also durch B geteilt werden.

Dadurch steht dann: **C = A : B**

Lösung zu Aufgabe 3:

Die Formel für das Drehmoment **M = F • l** soll nach der Kraft F umgestellt werden.

Damit hier F allein steht, muss die Gegenoperation zur Verknüpfung mit l durchgeführt werden. Es muss also durch l geteilt werden.

Dadurch steht dann: **F = M : l**

Lösung zu Aufgabe 4:

Die Formel für das Drehmoment **M = F • l** soll nach der Hebellänge l umgestellt werden

Damit hier l allein steht, muss die Gegenoperation zur Verknüpfung mit F durchgeführt werden. Es muss also durch F geteilt werden.

Dadurch steht dann: **l = M : F**

Lösung zu Aufgabe 5:

Das Ohmsche Gesetz **R = U : I** soll nach der Spannung U umgestellt werden.

Damit hier U allein steht, muss die Gegenoperation zur Verknüpfung mit I durchgeführt werden. Es muss also mit I multipliziert werden.

Dadurch steht dann: **U = R • I**

Lösung zu Aufgabe 6:

Das Ohmsche Gesetz **R = U : I** soll nach dem Strom I umgestellt werden.

Damit hier I allein steht, muss zunächst mit I multipliziert werden. Dadurch entsteht dann: **R • I = U**

Anschließend kann durch R geteilt werden, so dass dann **I = U : R** steht.

Lösung zu Aufgabe 7:

Das Hebelgesetz $\mathbf{F_1 \cdot l_1 = F_2 \cdot l_2}$ soll nach l_2 umgestellt werden.

Damit hier l_2 allein steht, muss durch F_2 geteilt werden (Gegenoperation).

Dadurch erhält man: $\mathbf{l_2 = (F_1 \cdot l_1) : F_2}$

Lösung zu Aufgabe 8:

Das Hebelgesetz $\mathbf{F_1 \cdot l_1 = F_2 \cdot l_2}$ soll nach F_1 umgestellt werden.

Damit hier F_1 allein steht, muss durch l_1 geteilt werden (Gegenoperation).

Dadurch erhält man: $\mathbf{F_1 = (F_2 \cdot l_2) : l_1}$

Lösung zu Aufgabe 9:

Die Formel für die Wärmemenge **Q = m • c • ΔT** soll nach der Masse m umgestellt werden.

Damit hier die Masse m allein steht, muss durch c • ΔT geteilt werden (Gegenoperation).

Dadurch erhält man: **m = Q : (c • ΔT)**

Lösung zu Aufgabe 10:

Die Formel für die Bewegungsenergie $\mathbf{E = 0{,}5 \cdot m \cdot v^2}$ soll nach der Geschwindigkeit v umgestellt werden.

Damit hier die Geschwindigkeit v allein steht, muss zunächst durch 0,5 • m geteilt werden (Gegenoperation).

Dadurch erhält man: $v^2 = E : (0{,}5 \cdot m)$

Damit man v allein erhält, muss jetzt noch radiziert (die Wurzel gezogen) werden.

Dadurch erhält man schließlich: **v = √(E : (0,5 • m))**

5. Kräfte

5.1 Gewichtskraft

Lösung zu Aufgabe 1:

Welcher Gewichtskraft entspricht die Masse eines Autos von 1.750 kg?

Um aus der Masse die Gewichtskraft zu errechnen, muss die Masse mit der Erdbeschleunigung multipliziert werden:

$F_G = m \cdot g$ $= 1.750\ kg \cdot 10\ m/s^2 = \mathbf{17.500\ N}$

Lösung zu Aufgabe 2:

Eine Pizza wiegt 450 g. Welcher Gewichtskraft entspricht dies?

Um aus der Masse die Gewichtskraft zu errechnen, muss die Masse mit der Erdbeschleunigung multipliziert werden:

$F_G = m \cdot g$ $= 0{,}450\ kg \cdot 10\ m/s^2 = \mathbf{4{,}5\ N}$

Lösung zu Aufgabe 3:

Ein Stuhl besitzt eine Gewichtskraft von 120 N. Welcher Masse entspricht dies?

Um aus der Gewichtskraft die Masse zu errechnen, muss die Gewichtskraft durch die Erdbeschleunigung dividiert werden:

$m = F_G : g$ $= 120\ N : 10\ m/s^2 = \mathbf{12\ kg}$

Lösung zu Aufgabe 4:

Wie viele Tonnen wiegt ein Lkw, der eine Gewichtskraft von 350.000 N besitzt?

Um aus der Gewichtskraft die Masse zu errechnen, muss die Gewichtskraft durch die Erdbeschleunigung dividiert werden:

$m = F_G : g$ $= 350.000\ N : 10\ m/s^2 = 35.000\ kg = \mathbf{35\ t}$

Lösung zu Aufgabe 5:

Welcher Gewichtskraft entsprechen drei Autos von je 1.450 kg?

Um aus der Masse die Gewichtskraft zu errechnen, muss die Masse mit der Erdbeschleunigung multipliziert werden:

$F_G = m \cdot g$ $= 3 \cdot 1.450\ \text{kg} \cdot 10\ \text{m/s}^2 =$ **43.500 N**

5.2 Schiefe Ebene

Lösung zu Aufgabe 6:

Ein Auto mit einer Gewichtskraft von 15.000 N parkt an einem Hang mit einem Steigungswinkel von 20°. Wie groß ist die Normalkraft?

Die Normalkraft errechnet sich aus der Gewichtskraft und dem Steigungswinkel mithilfe der Cosinus-Funktion.

$F_N = F_G \cdot \cos\alpha$ $= 15.000\ \text{N} \cdot \cos 20° =$ **14.095 N**

Lösung zu Aufgabe 7:

Dasselbe Auto (F_G = 15.000 N) parkt an demselben Hang (Steigungswinkel = 20°). Wie groß ist die Hangabtriebskraft?

Die Hangabtriebskraft errechnet sich aus der Gewichtskraft und dem Steigungswinkel mithilfe der Sinus-Funktion.

$F_H = F_G \cdot \sin\alpha$ $= 15.000\ \text{N} \cdot \sin 20° =$ **5.130 N**

Lösung zu Aufgabe 8:

Eine Kiste mit einer Masse von 20 kg soll eine schiefe Ebene mit einem Steigungswinkel von 30° hochgeschoben werden. Die Reibung wird hier vernachlässigt. Mit welcher Kraft muss mindestens geschoben werden (um die Hangabtriebskraft zu überwinden)?

Die Hangabtriebskraft (oder hier die benötigte Schubkraft) errechnet sich aus der Gewichtskraft und dem Steigungswinkel mithilfe der Sinus-Funktion.

$F_H = m \cdot g \cdot \sin\alpha$ $= 20\ \text{kg} \cdot 10\ \text{m/s}^2 \cdot \sin 30° =$ **100 N**

Lösung zu Aufgabe 9:

Mit welcher Kraft muss die Kiste (m = 20 kg) mindestens geschoben werden, wenn die Reibung nicht vernachlässigt wird? Reibungszahl μ = 0,15 und Steigungswinkel = 30°.

Die benötigte Schubkraft errechnet sich hier aus der Hangabtriebskraft und der Reibungskraft. Die Hangabtriebskraft ergibt sich aus der Gewichtskraft und dem Steigungswinkel mithilfe der Sinus-Funktion.

$F_H = m \cdot g \cdot \sin\alpha$ $= 20\,\text{kg} \cdot 10\,\text{m/s}^2 \cdot \sin 30° = \mathbf{100\,N}$

Die Reibungskraft berechnet sich aus der Normalkraft und der Reibungszahl:

$$F_R = F_N \cdot \mu = F_G \cdot \cos\alpha \cdot \mu = m \cdot g \cdot \cos\alpha \cdot \mu$$

$F_R = 20\,\text{kg} \cdot 10\,\text{m/s}^2 \cdot \cos 30° \cdot 0{,}15 = 25{,}98\,\text{N}$

Um die Kiste hochzuschieben benötigt man also:

100 N + 25,98 N = **125,98 N**

Lösung zu Aufgabe 10:

Dieselbe Kiste mit 20 kg soll jetzt die schiefe Ebene hinuntergeschoben werden. Welche Kraft ist erforderlich, wenn die Reibungszahl μ = 0,7 und der Steigungswinkel 30° beträgt?

Die benötigte Schubkraft errechnet sich hier aus der Reibungskraft minus der Hangabtriebskraft, denn die Hangabtriebskraft hilft ja praktisch mit, die Kiste nach unten zu bewegen und es muss nur insgesamt die Reibungskraft überwunden werden.

Die Hangabtriebskraft errechnet sich aus der Gewichtskraft und dem Steigungswinkel mithilfe der Sinus-Funktion.

$F_H = F_G \cdot \sin\alpha$ $= 20\,\text{kg} \cdot 10\,\text{m/s}^2 \cdot \sin 30° = 100\,\text{N}$

Die Reibungskraft berechnet sich aus der Normalkraft und der Reibungszahl:

$$F_R = F_N \cdot \mu = F_G \cdot \cos\alpha \cdot \mu = m \cdot g \cdot \cos\alpha \cdot \mu$$

$F_R = 20\,\text{kg} \cdot 10\,\text{m/s}^2 \cdot \cos 30° \cdot 0{,}7 = 121{,}24\,\text{N}$

Um die Kiste nach unten zu schieben benötigt man also:

121,24 N - 100 N = **21,24 N**

Lösung zu Aufgabe 11:

Eine Kiste mit 20 kg liegt auf einer schiefen Ebene mit der Reibungszahl $\mu = 0{,}15$. Wie groß darf der Steigungswinkel werden, bevor die Kiste anfängt zu rutschen? ($F_H = F_R$)

Der Ansatz lautet hier: Die Hangabtriebskraft muss gleich der Reibungskraft sein, d. h. $F_H = F_R$

Der Ansatz lautet in kompletter Formel also:

$$m \cdot g \cdot \sin\alpha = m \cdot g \cdot \cos\alpha \cdot \mu$$

Eingesetzt bedeutet dies:

$20\ \text{kg} \cdot 10\ \text{m/s}^2 \cdot \sin\alpha = 20\ \text{kg} \cdot 10\ \text{m/s}^2 \cdot \cos\alpha \cdot 0{,}15$

Daraus folgt:

$200\ \text{N} \cdot \sin\alpha = 200\ \text{N} \cdot 0{,}15 \cdot \cos\alpha$

Daraus folgt:

$(200\ \text{N} : 200\ \text{N}) \cdot \sin\alpha = 0{,}15 \cdot \cos\alpha$

(Die Tangensfunktion bedeutet $\sin\alpha : \cos\alpha$.)

$1 \cdot \sin\alpha = 0{,}15 \cdot \cos\alpha$

$\sin\alpha : \cos\alpha = 0{,}15$

Daraus folgt:

$0{,}15 = \tan\alpha$

Berechnet mit der invtan-Funktion des Taschenrechners ergibt sich für den Winkel der Wert $\boldsymbol{\alpha = 8{,}53°}$.

Lösung zu Aufgabe 12:

Eine Kiste mit 20 kg liegt auf einer schiefen Ebene mit einem Steigungswinkel von 15°. Wie groß muss die Reibungszahl μ mindestens sein, damit die Kiste nicht nach unten rutscht? ($F_H = F_R$)

Der Ansatz lautet hier: Die Hangabtriebskraft muss gleich der Reibungskraft sein, d. h. $F_H = F_R$

Der Ansatz lautet in kompletter Formel also:

$$m \cdot g \cdot \sin \alpha = m \cdot g \cdot \cos \alpha \cdot \mu$$

Eingesetzt bedeutet dies:

$20\ \text{kg} \cdot 10\ \text{m/s}^2 \cdot \sin 15° = 20\ \text{kg} \cdot 10\ \text{m/s}^2 \cdot \cos 15° \cdot \mu$

Daraus folgt:

$200\ \text{N} \cdot \sin 15° = 200\ \text{N} \cdot \cos 15° \cdot \mu$

Daraus folgt:

$51{,}76\ \text{N} = 193\ \text{N} \cdot \mu$

Daraus folgt:

$51{,}76\ \text{N} : 193\ \text{N} = \mu$

Berechnet ergibt sich für die Reibungszahl der Wert **µ = 0,27**.

Lösung zu Aufgabe 13:

Eine Kiste wird eine schiefe Ebene mit einem Steigungswinkel von 15° nach oben geschoben. Die Reibungskraft beträgt 750 N und die Normalkraft 550 N. Wie schwer ist die Kiste?

Hier kann die Masse der Kiste am besten über die Normalkraft ermittelt werden. Die Formel lautet:

$$F_N = F_G \cdot \cos \alpha$$

Da die Gewichtskraft ermittelt werden soll, muss umgestellt werden auf:

$F_G = F_N : \cos \alpha \quad = 550\ \text{N} : \cos 15° = 569{,}4\ \text{N}$

Um von der Gewichtskraft auf die Masse zu kommen, muss noch durch die Erdbeschleunigung geteilt werden:

$m = F_G : g \quad = 569{,}4\ \text{N} : 10\ \text{m/s}^2 =$ **56,94 kg**

Lösung zu Aufgabe 14:

Eine 20 kg schwere Kiste beginnt bei einem Steigungswinkel von 18° zu rutschen. Welche Reibungszahl liegt hier vor?

Der Ansatz lautet hier die Hangabtriebskraft muss gleich der Reibungskraft sein, d. h. $F_H = F_R$

Der Ansatz lautet in kompletter Formel also:

$$m \cdot g \cdot \sin\alpha = m \cdot g \cdot \cos\alpha \cdot \mu$$

Eingesetzt bedeutet dies:

$20\ \text{kg} \cdot 10\ \text{m/s}^2 \cdot \sin 18° = 20\ \text{kg} \cdot 10\ \text{m/s}^2 \cdot \cos 18° \cdot \mu$

Daraus folgt:

$200\ \text{N} \cdot \sin 18° = 200\ \text{N} \cdot \cos 18° \cdot \mu$

Daraus folgt:

$61{,}8\ \text{N} = 190{,}21\ \text{N} \cdot \mu$

Daraus folgt:

$61{,}8\ \text{N} : 190{,}21\ \text{N} = \mu$

Berechnet ergibt sich für die Reibungszahl der Wert $\boldsymbol{\mu = 0{,}32}$.

Lösung zu Aufgabe 15:

Eine Kiste mit 40 kg liegt auf einer schiefen Ebene. Die Reibungszahl beträgt $\mu = 0{,}3$. Ab welchem Steigungswinkel fängt die Kiste an von selbst runterzurutschen?

Der Ansatz lautet hier die Hangabtriebskraft muss gleich der Reibungskraft sein, d. h. $F_H = F_R$

Der Ansatz lautet in kompletter Formel also:

$$m \cdot g \cdot \sin\alpha = m \cdot g \cdot \cos\alpha \cdot \mu$$

Eingesetzt bedeutet dies:

$40\ kg \cdot 10\ m/s^2 \cdot \sin\alpha = 40\ kg \cdot 10\ m/s^2 \cdot \cos\alpha \cdot 0{,}3$

Daraus folgt:

$400\ N \cdot \sin\alpha = 400\ N \cdot \cos\alpha \cdot 0{,}3$

Daraus folgt:

$400\ N : 400\ N \cdot \sin\alpha = \cos\alpha \cdot 0{,}3$

$1 \cdot \sin\alpha = 0{,}3 \cdot \cos\alpha$

$\sin\alpha : \cos\alpha = 0{,}3$

Daraus folgt:

$0{,}3 = \tan\alpha$

Berechnet mit der invtan-Funktion des Taschenrechners ergibt sich für den Winkel der Wert **α = 16,7°**.

5.3 Drehmoment

Lösung zu Aufgabe 16:

Welches Drehmoment ergibt sich bei einer Kraft von 190 N und einer Hebellänge von 2,25 m?

Das Drehmoment errechnet sich aus Kraft multipliziert mit der wirksamen Hebellänge:

$M = F \cdot l$ = 190 N • 2,25 m = **427,5 Nm**

Lösung zu Aufgabe 17:

Bei einem Drehmoment von 600 Nm ist die Kraft 800 N. Wie lang ist der wirksame Hebel?

Hier muss die Formel für das Drehmoment umgestellt werden nach der Hebellänge l. Die Formel lautet also:

$l = M : F$ = 600 Nm : 800 N = **0,75 m**

Lösung zu Aufgabe 18:

Bei einer Hebellänge von 0,8 m beträgt das Drehmoment 270 Nm. Mit welcher Kraft wird hier gearbeitet?

Hier muss die Formel für das Drehmoment umgestellt werden nach der Kraft F. Die Formel lautet also:

$F = M : l$ = 270 Nm : 0,8 m = **337,5 N**

Lösung zu Aufgabe 19:

Das Drehmoment von 500 Nm wird durch eine wirksame Hebellänge von 250 mm erreicht. Welche Kraft wirkt hier?

Hier muss die Formel für das Drehmoment umgestellt werden nach der Kraft F. Die Formel lautet also:

$F = M : l$ = 500 Nm : 0,25 m = **2.000 N**

Lösung zu Aufgabe 20:

An Umfang einer Welle mit einem Durchmesser von 10 cm wirkt eine Kraft von 100 N. Welchem Drehmoment entspricht dies?

Das Drehmoment errechnet sich aus Kraft multipliziert mit der wirksamen Hebellänge. Diese entspricht bei einer Welle dem Radius, hier also:

$M = F \cdot r$ = 100 N • 0,05 m = **5 Nm**

Lösung zu Aufgabe 21:

Ein Elektromotor gibt an seiner Welle (40 mm Durchmesser) ein Drehmoment von 100 Nm ab. Welche Kraft wirkt am Umfang der Welle?

Das Drehmoment errechnet sich aus Kraft multipliziert mit der wirksamen Hebellänge, diese entspricht bei einer Welle dem Radius. Hier muss die Formel noch nach der Kraft F umgestellt werden:

$F = M : r$ = 100 Nm : 0,02 m = **5.000 N**

Lösung zu Aufgabe 22:

Wenn an einer Antriebswelle eine Kraft von 1.000 N wirkt und das Drehmoment mit 30 Nm angegeben wird, welchen Durchmesser hat dann die Antriebswelle?

Das Drehmoment errechnet sich aus Kraft multipliziert mit der wirksamen Hebellänge, diese entspricht bei einer Welle dem Radius. Hier muss die Formel noch nach dem Radius umgestellt werden:

$r = M : F$ $= 30\ \text{Nm} : 1.000\ \text{N} = 0{,}03\ \text{m}$

Dies ist der Radius, die Welle hat also den Durchmesser **0,06 m oder 6 cm**.

Lösung zu Aufgabe 23:

Eine Welle mit einem Durchmesser von 100 mm soll ein Drehmoment von 300 Nm übertragen. Welche Kraft wirkt hierbei?

Das Drehmoment errechnet sich aus der Kraft multipliziert mit der wirksamen Hebellänge, diese entspricht bei einer Welle dem Radius. Hier muss die Formel noch nach der Kraft F umgestellt werden:

$F = M : r$ $= 300\ \text{Nm} : 0{,}05\ \text{m}$ (Radius!) = **6.000 N**

Lösung zu Aufgabe 24:

Eine Kraft von 3.000 N soll durch eine Welle übertragen werden. Ein maximales Drehmoment von 50 Nm darf nicht überschritten werden. Es stehen drei Wellen zur Auswahl, eine mit einem Durchmesser von 30 mm, eine mit 40 mm und eine mit 50 mm. Welche Welle kann verwendet werden?

Das Drehmoment errechnet sich aus der Kraft multipliziert mit der wirksamen Hebellänge, diese entspricht bei einer Welle dem Radius. Hier muss die Formel noch nach der Hebellänge umgestellt werden:

$r = M : F$ $= 50\ \text{Nm} : 3.000\ \text{N} = 0{,}017\ \text{m}$

Dies ist der Radius. Die Welle darf also maximal nur den Durchmesser **0,034 m oder 3,4 cm oder 34 mm** haben. Es kommt also allein die Welle mit 30 mm in Betracht, hier beträgt das Drehmoment

$M = F \cdot r$ $= 3.000\ \text{N} \cdot 0{,}015\ \text{m} =$ **45 Nm**

Lösung zu Aufgabe 25:

Eine Welle von 30 mm Durchmesser soll eine Kraft von 1.500 N übertragen. Welches Drehmoment in Nm wirkt hier?

Das Drehmoment errechnet sich aus der Kraft multipliziert mit der wirksamen Hebellänge. Diese entspricht bei einer Welle dem Radius, hier also:

$M = F \cdot r = 1.500\ N \cdot 0{,}015\ m = \mathbf{22{,}5\ Nm}$

6. Wärmelehre

6.1 Wärmeausdehnung

Lösung zu Aufgabe 1:

Ein 12 m langer Träger aus Stahl wird durch die Sonneneinstrahlung von 20 °C auf 55 °C erwärmt. Wie lang ist der erwärmte Träger?

Die Formel der Längenausdehnung lautet:

$$\Delta l = l_0 \cdot \alpha_L \cdot \Delta T$$

Eingesetzt ergibt dies eine Längenzunahme von:

$\Delta l = 12\ \text{m} \cdot 0{,}000012\ 1/°\text{C} \cdot 35\ °\text{C} = 0{,}00504\ \text{m} = 5{,}04\ \text{mm}$

Der erwärmte Träger ist also **12,00504 m** lang.

Lösung zu Aufgabe 2:

Ein 5 m langer Träger aus Stahl wird von 30 °C auf 150 °C erwärmt. Um wie viel wird dieser Träger dadurch länger?

Die Formel der Längenausdehnung lautet:

$$\Delta l = l_0 \cdot \alpha_L \cdot \Delta T$$

Eingesetzt ergibt dies eine Längenzunahme von:

$\Delta l = 5\ \text{m} \cdot 0{,}000012\ 1/°\text{C} \cdot 120\ °\text{C} = 0{,}0072\ \text{m} = \mathbf{7{,}2\ mm}$

Lösung zu Aufgabe 3:

Ein Tank, der mit 100 l Wasser gefüllt ist, wird von 20 °C auf 55 °C erwärmt. Um wie viele Liter dehnt sich das Wasser aus?

Die Formel der Volumenausdehnung lautet:

$$\Delta V = V_0 \cdot \alpha_V \cdot \Delta T$$

Eingesetzt ergibt dies eine Volumenzunahme von:

$\Delta V = 100\ \text{dm}^3 \cdot 0{,}00021\ 1/°\text{C} \cdot 35\ °\text{C} = 0{,}735\ \text{dm}^3 = \mathbf{0{,}735\ l}$

Lösung zu Aufgabe 4:

Ein Wassertank fasst 110 l. Aktuell ist er zu 99 % gefüllt. Um wie viel darf die Temperatur von aktuell 20 °C steigen bis der Tank überläuft?

Der Tank ist aktuell mit 108,9 l (= 99 %) gefüllt. Es darf sich also um maximal 1,1 l ausdehnen.

Die Formel der Volumenausdehnung lautet:

$$\Delta V = V_0 \cdot \alpha_V \cdot \Delta T$$

Umgestellt nach ΔT ergibt dies:

$\Delta T = \Delta V : (V_0 \cdot \alpha_V)$

Eingesetzt ergibt sich:

$\Delta T = 1{,}1\ dm^3 : (108{,}9\ dm^3 \cdot 0{,}00021\ 1/°C) =$ **48,1 °C**

Lösung zu Aufgabe 5:

Ein 5 m langer Stahlträger darf sich maximal um 3 mm ausdehnen. Um wie viele Grad (bzw. Kelvin) darf er höchstens erwärmt werden?

Die Formel der Längenausdehnung lautet:

$$\Delta l = l_0 \cdot \alpha_L \cdot \Delta T$$

Umgestellt nach ΔT ergibt dies:

$\Delta T = \Delta l : (l_0 \cdot \alpha_L)$

Eingesetzt ergibt es:

$\Delta T = 0{,}003\ m : (5{,}00\ m \cdot 0{,}000012\ 1/°C) =$ **50 °C**

Hier muss auf gleiche Einheiten, also entweder Meter (m) oder Millimeter (mm) geachtet werden.

Lösung zu Aufgabe 6:

Eine Hochspannungsleitung besteht aus Aluminium ($\alpha = 0{,}000024\ 1/°C$). Um wie viel verlängert sich die Leitung zwischen zwei 80 m entfernten Masten im Hochsommer bei 35 °C im Vergleich zum Winter (-10 °C)?

Die Formel der Längenausdehnung lautet:

$$\Delta l = l_0 \cdot \alpha_L \cdot \Delta T$$

Eingesetzt ergibt dies eine Längenzunahme von:

$\Delta l = 80\ m \cdot 0{,}000024\ 1/°C \cdot 45\ °C = 0{,}086\ m =$ **8,6 cm**

Lösung zu Aufgabe 7:

Das Benzin ($\alpha = 0{,}0011\ 1/°C$) im Tank eines Autos erwärmt sich in der prallen Sonne von 20 °C auf 45 °C. Um wie viel Prozent dehnt sich dadurch der Tankinhalt von 55 l aus?

Die Formel der Volumenausdehnung lautet:

$$\Delta V = V_0 \cdot \alpha_V \cdot \Delta T$$

Eingesetzt ergibt dies eine Volumenzunahme von:

$\Delta V = 55\ dm^3 \cdot 0{,}0011\ 1/°C \cdot 25\ °C = 1{,}51\ dm^3 = 1{,}51\ l$

Dies entspricht:

$(1{,}51\ dm^3 : 55\ dm^3) \cdot 100\ \% =$ **2,75 %**

Lösung zu Aufgabe 8:

Eine 45 m lange Stahlbrücke besitzt eine 10 mm lange Ausgleichsfuge, um die Temperatureinflüsse ausgleichen zu können. Reicht diese Fuge aus, wenn sich die Brücke von -10 °C auf 35 °C erwärmt?

Die Formel der Längenausdehnung lautet:

$$\Delta l = l_0 \cdot \alpha_L \cdot \Delta T$$

Eingesetzt ergibt dies eine Längenzunahme von:

$\Delta l = 45\ m \cdot 0{,}000012\ 1/°C \cdot 45\ °C = 0{,}024\ m =$ **24 mm**

Die Ausgleichsfuge reicht also nicht aus.

Lösung zu Aufgabe 9:

Der 8 m lange Stahlträger einer Gebäudekonstruktion darf sich um maximal 3 mm ausdehnen. Um wie viele Grad darf er deshalb höchstens erwärmt werden?

Die Formel der Längenausdehnung lautet:

$$\Delta l = l_0 \cdot \alpha_L \cdot \Delta T$$

Umgestellt nach ΔT ergibt dies:

$\Delta T = \Delta l : (l_0 \cdot \alpha_L)$

Eingesetzt ergibt es:

$\Delta T = 3\ \text{mm} : (8.000\ \text{mm} \cdot 0{,}000012\ 1/°\text{C}) =$ **31,25 °C**

Lösung zu Aufgabe 10:

Ein Behälter, welcher 100 l fasst, ist bereits mit 98,5 l Wasser befüllt. Um wie viele Grad darf das Wasser höchstens erwärmt werden, wenn er nicht überlaufen soll?

Die Formel der Volumenausdehnung lautet:

$$\Delta V = V_0 \cdot \alpha_V \cdot \Delta T$$

Umgestellt nach ΔT ergibt dies:

$\Delta T = \Delta V : (V_0 \cdot \alpha_V)$

Eingesetzt ergibt sich:

$\Delta T = 1{,}5\ \text{dm}^3 : (98{,}5\ \text{dm}^3 \cdot 0{,}00021\ 1/°\text{C}) =$ **72,5 °C**

6.2 Wärmemenge

Lösung zu Aufgabe 11:

Welche Wärmemenge wird benötigt, um 1 kg Wasser um 10 Kelvin zu erwärmen?

Die Formel zur Berechnung lautet:

$$Q = m \cdot c \cdot \Delta T$$

Eingesetzt ergibt dies:

$Q = 1\ kg \cdot 4{,}18\ (kJ/kg \cdot K) \cdot 10\ K =$ **41,8 kJ**

Lösung zu Aufgabe 12:

Welche Wärmemenge wird benötigt, um 1 kg Stahl um 10 Kelvin zu erwärmen?

Die Formel zur Berechnung lautet:

$Q = m \cdot c \cdot \Delta T$

Eingesetzt ergibt dies:

$Q = 1\ kg \cdot 0{,}51\ (kJ/kg \cdot K) \cdot 10\ K =$ **5,1 kJ**

Lösung zu Aufgabe 13:

Welche Wassermenge kann mit 10 kJ um 5 Kelvin erwärmt werden?

Die Formel zur Berechnung lautet:

$Q = m \cdot c \cdot \Delta T$

Umgestellt nach der Masse m ergibt sich:

$m = Q : (c \cdot \Delta T)$

Eingesetzt ergibt dies:

$m = 10\ kJ : (4{,}18\ (kJ/kg \cdot K) \cdot 5\ K) =$ **0,478 kg**

Lösung zu Aufgabe 14:

Um wie viele Kelvin kann ein 3 kg schwerer Stahlklotz mit der Wärmemenge 50 kJ erwärmt werden?

Die Formel zur Berechnung lautet:

$Q = m \cdot c \cdot \Delta T$

Umgestellt nach der Temperatur ΔT ergibt sich:

$\Delta T = Q : (m \cdot c)$

Eingesetzt ergibt dies:

$\Delta T = 50\ kJ : (3\ kg \cdot 0{,}51\ (kJ/kg \cdot K)) =$ **32,68 K**

Lösung zu Aufgabe 15:

Ein 100 kg schwerer Stahlträger wird ab Raumtemperatur (20 °C) mit 500 kJ erwärmt. Welche Temperatur hat er anschließend?

Die Formel zur Berechnung lautet:

$Q = m \cdot c \cdot \Delta T$

Umgestellt nach der Temperatur ΔT ergibt sich:

$\Delta T = Q : (m \cdot c)$

Eingesetzt ergibt dies:

$\Delta T = 500\ kJ : (100\ kg \cdot 0{,}51\ (kJ/kg \cdot K)) = 9{,}80\ K$

Das bedeutet der Träger hat nach der Erwärmung eine Temperatur von:

20°C + 9,80°C = **29,80°C**

Lösung zu Aufgabe 16:

Ein zylinderförmiger Tank mit einem Durchmesser von 1,5 m und einer Höhe von 1,2 m ist komplett mit Wasser (20 °C) befüllt. Welche Wärmemenge ist notwendig um das Wasser auf 75 °C zu erwärmen?

Hier muss zunächst das Volumen des Tanks berechnet werden.

Die Grundfläche beträgt $(1{,}5\ m)^2 \cdot \pi : 4 = 1{,}77\ m^2$ mal die Höhe von 1,2 m ergibt ein Volumen von 2,12 m^3 also 2.120 l.

Die Formel zur Berechnung lautet:

$Q = m \cdot c \cdot \Delta T$

Eingesetzt ergibt dies:

Q = 2.120 kg • 4,18 (kJ/kg • K) • 55K = **487.388 kJ**

Lösung zu Aufgabe 17:

Wie viele Kubik-Meter (m^3) Erdgas benötigt man, um eine Wärmemenge von 235.000 kJ zu erreichen?

Hier muss der Heizwert von Erdgas H = 35.000 kJ/m^3 beachtet werden.

Die Formel für die Verbrennungswärme lautet:

Q = V • H

Umgestellt ergibt sich:

V = Q : H = 235.000 kJ : 35.000 kJ/m^3 = **6,71 m^3**

Lösung zu Aufgabe 18:

Eine Wärmemenge von 235.000 kJ soll durch Verbrennung von Heizöl erzeugt werden. Wie viele Kilogramm (kg) Heizöl benötigt man hierfür?

Hier muss der Heizwert von Heizöl H = 43.000 kJ/kg beachtet werden.

Die Formel für die Verbrennungswärme lautet:

Q = m • H

Umgestellt ergibt sich:

m = Q : H = 235.000 kJ : 43.000 kJ/kg = **5,47 kg**

Lösung zu Aufgabe 19:

Wie viele Kubik-Meter (m^3) Erdgas benötigt man, um eine 200 l Badewanne mit heißem Wasser (50 °C) zu befüllen? Die Ausgangstemperatur des Wassers beträgt 10 °C.

Die Formel zur Berechnung lautet:

Q = m • c • ΔT

Eingesetzt ergibt dies:

$Q = 200\ kg \cdot 4{,}18\ (kJ/kg \cdot K) \cdot 40\ K = 33.440\ kJ$

Hier muss der Heizwert von Erdgas $H = 35.000\ kJ/m^3$ beachtet werden.

Die Formel für die Verbrennungswärme lautet:

$$Q = V \cdot H$$

Umgestellt ergibt sich:

$V = Q : H = 33.400\ kJ : 35.000\ kJ/m^3 =$ **$0{,}96\ m^3$**

Lösung zu Aufgabe 20:

Wie viele Liter kochendes Wasser (100 °C) können mit 25 kg Heizöl hergestellt werden, wenn die Ausgangstemperatur des Wassers 10 °C beträgt?

Hier muss der Heizwert von Heizöl $H = 43.000\ kJ/kg$ beachtet werden.

Die Formel für die Verbrennungswärme lautet:

$$Q = m \cdot H$$

Eingesetzt ergibt sich:

$Q = 25\ kg \cdot 43.000\ kJ/kg = 1.075.000\ kJ$

Die Formel zur Berechnung lautet:

$$Q = m \cdot c \cdot \Delta T$$

Umgestellt nach der Masse m ergibt dies:

$m = Q : (c \cdot \Delta T) = 1.075.000\ kJ : (4{,}18\ (kJ/kg \cdot K) \cdot 90\ K) = 2.857{,}52\ kg =$ **2.857,52 l**

7. Elektrische Berechnungen

7.1 Widerstandsschaltungen

Lösung zu Aufgabe 1:

Ein 20 Ω und ein 30 Ω Widerstand werden in Reihe geschaltet. Wie groß ist der Gesamtwiderstand (Ersatzwiderstand)?

Der Gesamtwiderstand berechnet sich in der Reihenschaltung als Summe der Einzelwiderstände, hier also:

$$R_{ges} = R_1 + R_2 \quad = 20\,\Omega + 30\,\Omega = \mathbf{50\,\Omega}$$

Lösung zu Aufgabe 2:

Ein 20 Ω und ein 30 Ω Widerstand werden parallelgeschaltet. Wie groß ist der Gesamtwiderstand (Ersatzwiderstand)?

Der Gesamtwiderstand berechnet sich in der Parallelschaltung als Kehrwert der Summe der Einzel-Kehrwerte der Widerstände, hier also:

$$\frac{1}{R_{ges}} = \frac{1}{R_1} + \frac{1}{R_2}$$

Eingesetzt ergibt sich:

$$\frac{1}{R_{ges}} = \frac{1}{20}\,\Omega + \frac{1}{30}\,\Omega$$

und nach Berechnung des Kehrwertes ergibt sich für den Ersatzwiderstand R_{ges} = **12 Ω.**

Lösung zu Aufgabe 3:

Zwei 40 Ω Widerstände in Reihenschaltung ergeben welchen Gesamtwiderstand?

Der Gesamtwiderstand ergibt sich als Summe der Einzelwiderstände, also:

40 Ω + 40 Ω = **80 Ω**

Lösung zu Aufgabe 4:

Zwei 40 Ω Widerstände in Parallelschaltung ergeben welchen Gesamtwiderstand?

In Parallelschaltung ergeben zwei gleich große Widerstände als Ersatzwiderstand immer die Hälfte der Einzelwiderstände, in diesem Fall ist der R_{ges} = **20 Ω**.

Lösung zu Aufgabe 5:

Zwei 50 Ω Widerstände liegen in Reihe an 24 V Versorgungsspannung. Welcher Gesamtstrom fließt hier?

Zuerst ist hier der Gesamtwiderstand zu berechnen:

$R_{ges} = 50\,\Omega + 50\,\Omega = 100\,\Omega$

Anschließend kann mithilfe des Ohmschen Gesetzes der Strom berechnet werden.

Dazu muss die Formel R = U : I umgestellt werden nach I = U : R.

Eingesetzt ergibt sich:

I = 24 V : 100 Ω = **0,24 A**

Lösung zu Aufgabe 6:

Zwei 50 Ω Widerstände liegen parallel an 24 V Versorgungsspannung. Welcher Gesamtstrom fließt hier?

Der Gesamtwiderstand ergibt sich hier als Hälfte der Einzelwiderstände, also R_{ges} = 25 Ω.

Zur Stromberechnung muss die Formel R = U : I umgestellt werden nach I = U : R.

Eingesetzt ergibt sich:

I = 24 V : 25 Ω = **0,96 A**

Lösung zu Aufgabe 7:

Zwei gleich große Widerstände liegen in Reihe an 50 V, dabei fließt ein Strom von 4 A. Wie groß sind die beiden Widerstände jeweils?

Hier kann der Gesamtwiderstand berechnet werden mit R = U : I

Eingesetzt ergibt sich:

R = 50 V : 4 A = 12,5 Ω

Da dies der Wert für beide Widerstände ist, muss dieser Wert noch durch zwei dividiert werden. Der Wert der Widerstände beträgt also je **6,25 Ω**.

Lösung zu Aufgabe 8:

Zwei gleich große Widerstände liegen parallel an 50 V, dabei fließt ein Strom von 4 A. Wie groß sind die beiden Widerstände jeweils?

Hier kann der Gesamtwiderstand berechnet werden mit R = U : I

Eingesetzt ergibt sich:

R = 50 V : 4 A = 12,5 Ω

Da dies der Wert für beide Widerstände ist, muss dieser Wert noch mal zwei genommen werden, da zwei gleiche Widerstände in Parallelschaltung als Ersatzwiderstand die Hälfte ergeben. Der Wert der Widerstände beträgt also je **25 Ω**.

Lösung zu Aufgabe 9:

Vier gleich große Widerstände liegen in Reihe an 230 V. Es fließt ein Gesamtstrom von 1,0 A. Welchen Widerstandswert haben die Widerstände jeweils?

Hier kann der Gesamtwiderstand berechnet werden mit R = U : I

Eingesetzt ergibt sich:

R = 230 V : 1 A = 230 Ω

Da dies der Wert für alle vier Widerstände ist, muss dieser Wert noch durch vier dividiert werden. Der Wert der Widerstände beträgt also je **57,5 Ω**.

Lösung zu Aufgabe 10:

Vier gleich große Widerstände liegen parallel an 230 V. Es fließt ein Gesamtstrom von 1,0 A. Welchen Widerstandswert haben die Widerstände jeweils?

Hier kann der Gesamtwiderstand berechnet werden mit R = U : I

Eingesetzt ergibt sich:

$R = 230\ V : 1\ A = 230\ \Omega$

Da dies der Wert für alle Widerstände ist, muss dieser Wert noch mit vier multipliziert werden. Der Wert der Widerstände beträgt also je **920 Ω**.

7.2 Elektrische Leistung, Wirkungsgrad

Lösung zu Aufgabe 11:

An einem Widerstand wird ein Strom von 1,75 A gemessen und es wird eine Leistung von 30 W umgesetzt. Welche Spannung liegt hier am Widerstand an?

Hier ist die geeignete Formel die Leistungsformel $P = U \cdot I$

Umgestellt nach der Spannung: $U = P : I$

Eingesetzt ergibt sich für die Spannung:

$U = 30\ W : 1{,}75\ A =$ **17,14 V**

Lösung zu Aufgabe 12:

Eine LED-Leuchte liegt an 230 V und nimmt 0,07 A auf. Welche Leistung wird hier umgesetzt?

Hier ist die geeignete Formel die Leistungsformel $P = U \cdot I$

Eingesetzt ergibt sich:

$P = 230\ V \cdot 0{,}07\ A =$ **16,1 W**

Lösung zu Aufgabe 13:

Ein Widerstand von 30 Ω liegt an 24 V. Welche Leistung wird in ihm umgesetzt?

Hier berechnet sich die Leistung bestmöglich durch die Formel $P = U^2 : R$

Eingesetzt ergibt sich die Leistung:

$P = (24\ V)^2 : 30\ \Omega =$ **19,2 W**

Lösung zu Aufgabe 14:

Eine Leistung von 50 W wird an einer Lampe gemessen. Bei welcher Spannung fließt hier ein Strom von 2,7 A?

Hier ist die geeignete Formel die Leistungsformel $P = U \cdot I$

Umgestellt nach der Spannung: $U = P : I$

Eingesetzt ergibt sich für die Spannung:

$U = 50\ W : 2{,}7\ A =$ **18,52 V**

Lösung zu Aufgabe 15:

Welche Leistung nimmt ein Drehstrommotor im 400 V-Netz auf, wenn er einen Nennstrom von 12 A und einen Leistungsfaktor von 0,91 aufweist.

Hier eignet sich die Leistungsformel für Drehstrom:

$$P = \sqrt{3} \cdot U \cdot I \cdot \cos \varphi$$

Eingesetzt ergibt sich:

$P = \sqrt{3} \cdot 400\ V \cdot 12\ A \cdot 0{,}91 =$ **7.566 W**

Lösung zu Aufgabe 16:

Ein Drehstrom-Elektromotor besitzt eine Abgabeleistung von 15 kW. Er nimmt aus dem 400 V-Netz bei einem Leistungsfaktor von 0,88 einen Strom von 26 A auf. Welchen Wirkungsgrad besitzt er?

Hier muss zuerst die aufgenommene Leistung des Motors berechnet werden mithilfe der Leistungsformel im Drehstromnetz:

$$P = \sqrt{3} \cdot U \cdot I \cdot \cos \varphi$$

Eingesetzt ergibt sich:

$P = \sqrt{3} \cdot 400\ V \cdot 26\ A \cdot 0{,}88 =$ **15.852 W**

Der Wirkungsgrad kann anschließend berechnet werden, indem die abgegebene Leistung durch die aufgenommene Leistung dividiert wird:

Eta = P_{ab} : P_{auf} = 15.000 W : 15.852 W = 0,95 = **95 %**

Lösung zu Aufgabe 17:

Bei einem Wirkungsgrad von 95 % hat ein Drehstrom-Elektromotor eine Abgabeleistung von 55 kW. Welcher Strom fließt hier in einem 400 V-Netz bei einem Leistungsfaktor von 0,89?

Hier muss zuerst die aufgenommene Leistung des Motors mithilfe des Wirkungsgrades berechnet werden. Dadurch ergibt sich:

P_{auf} = P_{ab} : eta = 55.000 W : 0,95 = 57.895 W

Anschließend kann über die Leistungsformel im Drehstromnetz der Strom berechnet werden:

$$P = \sqrt{3} \cdot U \cdot I \cdot \cos \varphi$$

Umgestellt nach dem Strom ergibt sich:

I = 57.895 W : (√3 • 400 V • 0,89) = **93,9 A**

Lösung zu Aufgabe 18:

Ein Elektromotor besitzt einen Wirkungsgrad von 95 %, er ist an ein Getriebe gekoppelt, welches einen Wirkungsgrad von 80 % besitzt und treibt eine Pumpe mit einem Wirkungsgrad von 75 % an. Welchen Gesamtwirkungsgrad besitzt das System?

Der Gesamtwirkungsgrad kann durch Multiplikation der Einzelwirkungsgrade errechnet werden, hier also:

0,95 • 0,80 • 0,75 = 0,57 = **57 %**

Lösung zu Aufgabe 19:

Ein Gleichstrommotor gibt eine Leistung von 8 kW ab. Er besitzt einen Wirkungsgrad von 90 %. Welchen Strom nimmt er in einem 300 V-Netz auf?

Hier muss zuerst die aufgenommene Leistung des Motors mithilfe des Wirkungsgrades berechnet werden.

Dadurch ergibt sich:

$P_{auf} = P_{ab}$: eta = 8.000 W : 0,9 = **8.889 W**

Anschließend kann der Strom über die Leistungsformel im Gleich-/Wechselstromnetz berechnet werden:

$P = U \cdot I$

Umgestellt nach dem Strom ergibt sich:

I = 8.889 W : 300 V = **29,63 A**

Lösung zu Aufgabe 20:

Welchen Leistungsfaktor besitzt ein Elektromotor, welcher an einem 400 V-Drehstromnetz einen Strom von 15 A und dabei eine Leistung von 9,5 kW aufnimmt?

Über die Leistungsformel im Drehstromnetz

$P = \sqrt{3} \cdot U \cdot I \cdot \cos \varphi$

ergibt sich umgestellt nach dem Leistungsfaktor

$\cos \varphi = P : (\sqrt{3} \cdot U \cdot I)$ = 9.500 W : (√3 • 400 V • 15 A) = **0,91**

8. Bewegungen

8.1 Geschwindigkeit

Lösung zu Aufgabe 1:

Ein Pkw legt auf der Autobahn 7 km in einer Zeit von 3 Minuten zurück. Wie groß ist seine Geschwindigkeit in Kilometer pro Stunde (km/h)?

Die Berechnung erfolgt hier über:

v = s : t = 7 km : 0,05 h = **140 km/h**

Lösung zu Aufgabe 2:

Ein Lkw fährt konstant mit einer Geschwindigkeit von 60 km/h. Welche Strecke in Meter legt er in 11 Minuten zurück?

Die Berechnung erfolgt hier über:

v = s : t

Umgestellt nach der Strecke s ergibt sich:

s = v • t = 60 km/h • 0,183 h = 11 km = **11.000 m**

Lösung zu Aufgabe 3:

Ein Auto fährt mit einer Geschwindigkeit von 75 km/h. Wie lange benötigt es für eine Strecke von 4.800 m?

Die Berechnung erfolgt hier über:

v = s : t

Umgestellt nach der Zeit t ergibt sich:

t = s : v = 4,8 km : 75 km/h = 0,064 h = **3,84 min**

Lösung zu Aufgabe 4:

Welcher Geschwindigkeit in Kilometer pro Stunde (km/h) entsprechen 25 m/s?

Die Umrechnung von Meter pro Sekunde (m/s) in Kilometer pro Stunde (km/h) erfolgt mit dem Faktor 3,6. Das bedeutet eine Geschwindigkeit von 1 m/s entspricht 3,6 km/h.

Hier entsprechen 25 m/s also:

$$25\ \text{m/s} \cdot 3{,}6\ \frac{\text{km/h}}{\text{m/s}} = \mathbf{90\ km/h}$$

Lösung zu Aufgabe 5:

Eine Strecke von 17 km sollen mit einer Geschwindigkeit von 75 km/h gefahren werden. Wie lange dauert dies?

Die Berechnung erfolgt hier über:

$v = s : t$

Umgestellt nach der Zeit t ergibt sich:

$t = s : v = 17\ \text{km} : 75\ \text{km/h} = 0{,}227\ \text{h} =$ **13,6 min**

Lösung zu Aufgabe 6:

Ein Fahrradfahrer fährt mit einer Geschwindigkeit von 8 m/s. Wie lange benötigt er für einen Weg von 35 km?

Die Berechnung erfolgt hier über:

$v = s : t$

Umgestellt nach der Zeit t ergibt sich:

$t = s : v = 35.000\ \text{m} : 8\ \text{m/s} = 4375\ \text{s} =$ **72,92 min**

Lösung zu Aufgabe 7:

Ein Autofahrer fährt 35 Minuten mit einer Geschwindigkeit von 70 km/h und anschließend 20 Minuten lang mit einer Geschwindigkeit von 95 km/h. Welche Strecke ist er insgesamt gefahren?

Die Berechnung erfolgt hier zweimal über:

$v = s : t$

Umgestellt nach der Strecke s ergibt sich:

$s = v \cdot t = 70\ km/h \cdot 0{,}583\ h = 40{,}83\ km$

Für die zweite Strecke ergibt sich:

$s = v \cdot t = 95\ km/h \cdot 0{,}33\ h = 31{,}35\ km$

So dass sich insgesamt eine Strecke von 40,83 km + 31,35 km = **72, 18 km** ergibt.

Lösung zu Aufgabe 8:

Ein Motorradfahrer fährt 30 Minuten durch die Stadt mit der zulässigen Höchstgeschwindigkeit von 50 km/h. Anschließend fährt er auf die Autobahn. Wie schnell muss er dort fahren, wenn er insgesamt eine Strecke von 65 km zurücklegen muss und insgesamt maximal 50 Minuten für die gesamte Strecke benötigen darf?

Die Berechnung erfolgt hier zunächst über:

$v = s : t$

Umgestellt nach der Strecke s ergibt sich:

$s = v \cdot t = 50\ km/h \cdot 0{,}5\ h = 25\ km$

Für die zweite Strecke, welche 65 km - 25 km = 40 km beträgt, ergibt sich mit:

$v = s : t = 40\ km : 0{,}33\ h = \mathbf{120\ km/h}$

Lösung zu Aufgabe 9:

Ein Lkw fährt 15 Minuten lang mit 55 km/h, anschließend beschleunigt er und fährt mit 70 km/h weiter. Er muss insgesamt eine Strecke von 30 km zurücklegen. Wie lange braucht er hierfür insgesamt?

Die Berechnung erfolgt hier zunächst über die Ermittlung der ersten Strecke über:

$s = v \cdot t = 55\ km/h \cdot 0{,}25\ h = 13{,}75\ km$

Die Zeit, welche er für die restliche Strecke 30 km - 13,75 km = 16,25 km benötigt, errechnet sich über

$v = s : t$

Umgestellt nach der Zeit t ergibt sich:

$t = s : v = 16{,}25\ \text{km} : 70\ \text{km/h} = 0{,}23\ \text{h}$

Die Zeit für die komplette Strecke beträgt also:

0,25 h + 0,23 h = 0,48 h = **28,8 min**

Lösung zu Aufgabe 10:

Ein Autofahrer möchte auf der Autobahn 72 km in 22 Minuten zurücklegen. Kann er dies mit seinem Auto, das eine Höchstgeschwindigkeit von 185 km/h aufweist, schaffen?

Die Berechnung erfolgt hier über:

$v = s : t$ = 72 km : 0,37 h = **196 km/h**

Das Auto ist also nicht schnell genug.

8.2 Kinetische und potentielle Energie

Lösung zu Aufgabe 11:

Ein Stein mit einer Masse von 2,5 kg liegt auf einem Tisch 1,20 m über dem Boden. Welche potentielle Energie besitzt dieser Stein?

Mit der Formel $E_{pot} = m \cdot g \cdot h$ ergibt sich:

$E_{pot} = 2{,}5\ \text{kg} \cdot 10\ \text{m/s}^2 \cdot 1{,}2\ \text{m} = \mathbf{30\ J}$

Lösung zu Aufgabe 12:

Aus welcher Höhe darf ein Handy mit der Masse 220 g auf den Boden fallen, wenn eine Energie von 3 Joule nicht überschritten werden darf, damit es nicht zerstört wird?

Mit der Formel $E_{pot} = m \cdot g \cdot h$ umgestellt nach h ergibt sich:

$h = E_{pot} : (m \cdot g)$

Eingesetzt ergibt sich:

$h = 3\,J : (0{,}22\,kg \cdot 10\,m/s^2) = \mathbf{1{,}36\,m}$

Lösung zu Aufgabe 13:

Eine Kiste mit 40 kg besitzt die potentielle Energie 500 J. In welcher Höhe wird die Kiste gelagert?

Mit der Formel $E_{pot} = m \cdot g \cdot h$ umgestellt nach h ergibt sich:

$h = E_{pot} : (m \cdot g)$

Eingesetzt ergibt sich:

$h = 500\,J : (40\,kg \cdot 10\,m/s^2) = \mathbf{1{,}25\,m}$

Lösung zu Aufgabe 14:

Ein Auto mit der Masse 1.700 kg fährt mit einer Geschwindigkeit von 50 km/h durch die Stadt. Welche kinetische Energie besitzt es?

Mithilfe der Formel $E_{kin} = 0{,}5 \cdot m \cdot v^2$ ergibt sich eingesetzt:

$E_{kin} = 0{,}5 \cdot 1.700\,kg \cdot (50\,km/h : 3{,}6)^2 = \mathbf{163.966\,J}$

Hier ist es wichtig, die in km/h angegebene Geschwindigkeit umzurechnen in m/s, daher die Division durch 3,6.

Lösung zu Aufgabe 15:

Wie schnell (in km/h) muss ein 1.500 kg schweres Auto fahren, um eine kinetische Energie von 100 kJ zu besitzen?

Die Formel $E_{kin} = 0{,}5 \cdot m \cdot v^2$ umgestellt nach der Geschwindigkeit ergibt:

$v = \sqrt{(E_{kin} : (0{,}5 \cdot m))} = \sqrt{(100.000\ J : (0{,}5 \cdot 1500\ kg))} = 11{,}55\ m/s \cdot 3{,}6 =$ **41,57 km/h**

Lösung zu Aufgabe 16:

Wie schwer ist ein Auto, welches bei einer Geschwindigkeit von 70 km/h eine kinetische Energie von 340.000 J besitzt?

Die Formel $E_{kin} = 0{,}5 \cdot m \cdot v^2$ umgestellt nach der Masse m ergibt:

$m = E_{kin} : (0{,}5 \cdot v^2) = 340.000\ J : (0{,}5 \cdot (19{,}44\ m/s)^2) =$ **1.799 kg**

Wichtig ist hier, dass die Geschwindigkeit in m/s eingesetzt wird. Die 70 km/h werden also durch 3,6 geteilt, um auf m/s zu kommen.

Lösung zu Aufgabe 17:

Um welchen Faktor ändert sich die kinetische Energie eines Autos mit 1.400 kg, nachdem es von 30 km/h auf 60 km/h beschleunigt hat?

Mithilfe der Formel $E_{kin} = 0{,}5 \cdot m \cdot v^2$ ergibt sich für die erste Energie:

$E_1 = 0{,}5 \cdot 1.400\ kg \cdot (8{,}33 m/s)^2 = 48.611\ J$

Für die zweite Energie ergibt sich:

$E_2 = 0{,}5 \cdot 1.400\ kg \cdot (16{,}67\ m/s)^2 = 194.444\ J$

Um den Faktor zu bekommen, muss abschließend E_2 durch E_1 geteilt werden. Dadurch ergibt sich der Faktor: 194.444 : 48.611 = **4,0**

Dies bedeutet, eine Verdoppelung der Geschwindigkeit verursacht eine Vervierfachung der Energie!

Lösung zu Aufgabe 18:

Wie schwer ist ein Buch, welches in einem Regal 1,50 m über dem Boden steht und eine potentielle Energie von 8 J besitzt?

Die Formel $E_{pot} = m \cdot g \cdot h$ umgestellt nach der Masse m ergibt:

$m = E_{pot} : (g \cdot h)$

Eingesetzt ergibt sich:

$m = 8\ J : (10\ m/s^2 \cdot 1{,}5\ m) =$ **0,533 kg = 533 g**

Lösung zu Aufgabe 19:

Beim Aufprall eines Autos mit 1.400 kg an einem Hindernis wurde eine Energie von 40.000 J frei, wie schnell war das Fahrzeug vor dem Aufprall?

Die Formel $E_{kin} = 0{,}5 \cdot m \cdot v^2$ umgestellt nach der Geschwindigkeit ergibt:

$v = \sqrt{}(E_{kin} : (0{,}5 \cdot m)) = \sqrt{}(40.000\ J : (0{,}5 \cdot 1.400\ kg)) = 7{,}56\ m/s \cdot 3{,}6 =$ **27,21 km/h**

Lösung zu Aufgabe 20:

Welche kinetische Energie besitzt eine Gewehrkugel mit einem Gewicht von 11 g und einer Geschwindigkeit von 3.100 km/h?

Mithilfe der Formel $E_{kin} = 0{,}5 \cdot m \cdot v^2$ ergibt sich eingesetzt:

$E_{kin} = 0{,}5 \cdot 0{,}011\ kg \cdot (3.100 : 3{,}6\ m/s)^2 =$ **4.078 J**

Hier ist es wichtig, die in km/h angegebene Geschwindigkeit umzurechnen in m/s, daher die Division durch 3,6.

8.3 Weg

Lösung zu Aufgabe 21:

Welche Strecke fährt ein Fahrradfahrer in 13 Minuten bei einer durchschnittlichen Geschwindigkeit von 23 km/h?

Die Berechnung erfolgt hier über:

$v = s : t$

Umgestellt nach s ergibt sich:

$s = v \cdot t = 23\ \text{km/h} \cdot 0{,}217\ \text{h} = \mathbf{4{,}98\ km}$

Wichtig ist es, die Zeit in h einzusetzen!

Lösung zu Aufgabe 22:

Ein Pkw-Fahrer muss um 12:30 Uhr in einem 115 km entfernten Ort ankommen. Er rechnet mit einer durchschnittlichen Geschwindigkeit von 75 km/h. Wann muss er zu Hause abfahren?

Die Berechnung erfolgt hier über:

$v = s : t$

Umgestellt nach s ergibt sich:

$t = s : v = 115\ \text{km} : 75\ \text{km/h} = \mathbf{1{,}53\ h}$

Das bedeutet, er muss um kurz vor 11:00 Uhr (exakt um 10:58 Uhr) abfahren.

Lösung zu Aufgabe 23:

Der Bordcomputer eines Autos zeigt für den vergangenen Monat eine Durchschnittsgeschwindigkeit von 63 km/h und eine Fahrzeit von 23:15 h an. Wie viele Kilometer war das Auto unterwegs?

Die Berechnung erfolgt hier über

$v = s : t$

Umgestellt nach s ergibt sich:

$s = v \cdot t = 63 \text{ km/h} \cdot 23{,}25 \text{ h} = \mathbf{1.464{,}75 \text{ km}}$

Wichtig ist, die Zeit in h einzusetzen!

Lösung zu Aufgabe 24:

Ein Lkw ist 48 Minuten mit einer Geschwindigkeit von 55 km/h und 1,8 Stunden mit einer Geschwindigkeit von 72 km/h gefahren. Wie viele Kilometer hat er insgesamt zurückgelegt?

Die Berechnung erfolgt hier über:

$v = s : t$

Umgestellt nach s ergibt sich für das erste Teilstück:

$s_1 = v \cdot t = 55 \text{ km/h} \cdot 0{,}8 \text{ h} = 44{,}0 \text{ km}$

Für das zweite Teilstück:

$s_2 = v \cdot t = 72 \text{ km/h} \cdot 1{,}8 \text{ h} = 129{,}6 \text{ km}$

Insgesamt ist der Lkw also 44 km + 129,6 km = **173,6 km** unterwegs.

Wichtig ist, die Zeit in h einzusetzen!

Lösung zu Aufgabe 25:

Ein Fahrradfahrer möchte eine bestimmte Strecke in 1,5 h zurücklegen. Wie viele Kilometer ist er unterwegs, wenn er eine Geschwindigkeit von 24 km/h erreicht?

Die Berechnung erfolgt hier über:

$v = s : t$

Umgestellt nach s ergibt sich:

$s = v \cdot t = 24 \text{ km/h} \cdot 1{,}5 \text{ h} = \mathbf{36{,}0 \text{ km}}$

8.4 Beschleunigung, Verzögerung

Lösung zu Aufgabe 26:

Ein Pkw beschleunigt innerhalb von 6,5 s von 0 auf 100 km/h. Welcher Beschleunigung entspricht dies?

Die Formel zur Berechnung der Beschleunigung lautet:

$a = v : t$

Eingesetzt ergibt sich:

$a = 27{,}78$ m/s : 6,5 s = **4,27 m/s²**

Lösung zu Aufgabe 27:

Innerhalb von 5 s beschleunigt ein Pkw von 0 auf 70 km/h. Welcher Beschleunigung entspricht dies?

Die Formel zur Berechnung der Beschleunigung lautet:

$a = v : t$

Eingesetzt ergibt sich:

$a = 19{,}44$ m/s : 5 s = **3,88 m/s²**

Lösung zu Aufgabe 28:

Ein Auto bremst aus 100 km/h innerhalb von 3,5 s auf 0 km/h ab. Welcher Verzögerung entspricht das?

Die Formel zur Berechnung der Beschleunigung lautet:

$a = v : t$

Eingesetzt ergibt sich:

$a = 27{,}78$ m/s : 3,5 s = **7,94 m/s²**

Lösung zu Aufgabe 29:

Ein Motorrad beschleunigt mit 9,5 m/s^2. Wie lange benötigt es, um von 0 auf 100 km/h zu kommen?

Die Formel zur Berechnung der Beschleunigung lautet:

$$a = v : t$$

Umgestellt nach t ergibt sich:

$t = v : a$

Eingesetzt ergibt sich:

$t = 27{,}78\ m/s : 9{,}5\ m/s^2 =$ **2,92 s**

Lösung zu Aufgabe 30:

Wie viele Meter benötigt ein Auto, um mit einer Beschleunigung von 5,0 m/s^2 von 0 auf 70 km/h zu beschleunigen?

Hier kann zunächst die Zeit mit der Formel zur Berechnung der Beschleunigung errechnet werden. Diese lautet:

$$a = v : t$$

Umgestellt nach t ergibt sich:

$t = v : a$

Eingesetzt ergibt sich:

$t = 19{,}44\ m/s : 5{,}0\ m/s^2 =$ **3,88 s**

Die hierbei gefahrene Strecke ergibt sich als Multiplikation der Durchschnittsgeschwindigkeit (anfangs fährt das Auto 0 km/h und am Ende der Beschleunigung 70 km/h, daher fährt das Auto durchschnittlich 35 km/h) und der Zeit.

Es ergibt sich also für $s = 0{,}5 \cdot v \cdot t$ eingesetzt:

$s = 0{,}5 \cdot 19{,}44\ m/s \cdot 3{,}88\ s =$ **37,71 m**

Lösung zu Aufgabe 31:

Ein Pkw bremst mit einer Verzögerung von 10,5 m/s^2. Wie viele Meter Bremsweg benötigt er aus einer Geschwindigkeit von 70 km/h?

Hier kann zunächst die Zeit mit der Formel zur Berechnung der Beschleunigung errechnet werden. Diese lautet:

$$a = v : t$$

Umgestellt nach t ergibt sich:

$t = v : a$

Eingesetzt ergibt sich:

$t = 19{,}44\ m/s : 10{,}5\ m/s^2 = 1{,}85\ s$

Die hierbei gefahrene Strecke ergibt sich als Multiplikation der Durchschnittsgeschwindigkeit (anfangs fährt das Auto 70 km/h und am Ende der Verzögerung 0 km/h, daher fährt das Auto durchschnittlich 35 km/h) und der Zeit.

Es ergibt sich also für $s = 0{,}5 \cdot v \cdot t$ eingesetzt:

$s = 0{,}5 \cdot 19{,}44\ m/s \cdot 1{,}85\ s =$ **18,0 m**

Lösung zu Aufgabe 32:

Welcher Verzögerung entspricht ein Bremsweg von 16 m aus einer Geschwindigkeit von 45 km/h?

Zunächst muss hier die Zeit berechnet werden über die Formel:

$$t = s : (0{,}5 \cdot v)$$

Eingesetzt ergibt sich:

$t = 16\ m : (0{,}5 \cdot 12{,}5\ m/s) = 2{,}56\ s$

Um nun die Beschleunigung zu errechnen, muss in die folgende Formel eingesetzt werden:

$a = v : t$

Es ergibt sich:

$a = 12{,}5\ m/s : 2{,}56\ s = \mathbf{4{,}88\ m/s^2}$

Lösung zu Aufgabe 33:

Ein Pkw bremst innerhalb von 2,5 s aus einer Geschwindigkeit von 90 km/h bis zum Stillstand. Welcher Verzögerung entspricht dies?

Die Formel zur Berechnung der Beschleunigung lautet:

$a = v : t$

Eingesetzt ergibt sich:

$a = 25\ m/s : 2{,}5\ s = \mathbf{10{,}0\ m/s^2}$

Lösung zu Aufgabe 34:

Ein Motorrad beschleunigt innerhalb von 120 m aus dem Stillstand auf eine Geschwindigkeit von 110 km/h. Welcher Beschleunigung entspricht dies?

Zunächst muss hier die Zeit berechnet werden über die Formel:

$t = s : (0{,}5 \cdot v)$

Eingesetzt ergibt sich:

$t = 120\ m : (0{,}5 \cdot 30{,}56\ m/s) = \mathbf{7{,}85\ s}$

Um nun die Beschleunigung zu errechnen, muss in die folgende Formel eingesetzt werden:

$a = v : t$

Es ergibt sich:

$a = 30{,}56\ m/s : 7{,}85\ s =$ **$3{,}89\ m/s^2$**

Lösung zu Aufgabe 35:

Ein Motorrad beschleunigt mit einer Beschleunigung von $8{,}5\ m/s^2$. Welche Strecke benötigt es, wenn der Fahrer aus dem Stillstand auf 100 km/h beschleunigt?

Hier kann die Berechnung erfolgen durch die Formel:

$$s = v^2 : (2 \cdot a)$$

Eingesetzt ergibt sich:

$s = (27{,}78\ m/s)^2 : (2 \cdot 8{,}5\ m/s^2) =$ **$45{,}39\ m$**

9. Arbeit, Leistung

9.1 Arbeit

Lösung zu Aufgabe 1:

Welche Arbeit ist erforderlich, um eine Kiste mit dem Gewicht von 20 kg auf ein 1,50 m hohes Regal zu heben?

Die Formel zur Berechnung der Arbeit lautet:

$W = m \cdot g \cdot h$

Eingesetzt ergibt sich:

$W = 20 \text{ kg} \cdot 10 \text{ m/s}^2 \cdot 1{,}50 \text{ m} = \mathbf{300\ J}$

Lösung zu Aufgabe 2:

Wie schwer darf ein Bauteil höchstens sein, wenn es mit einer Arbeit von 55 Joule genau 3 m hochgehoben werden soll?

Die Formel zur Berechnung der Arbeit lautet:

$W = m \cdot g \cdot h$

Umgestellt nach m ergibt sich:

$m = W : (g \cdot h)$

Eingesetzt ergibt sich dann:

$m = 55 \text{ J} : (10 \text{ m/s}^2 \cdot 3 \text{ m}) = \mathbf{1{,}83\ kg}$

Lösung zu Aufgabe 3:

Wie hoch kann ein Kasten Bier, welcher 18 kg wiegt, mit einer Arbeit von 200 Joule gehoben werden?

Die Formel zur Berechnung der Arbeit lautet:

$W = m \cdot g \cdot h$

Umgestellt nach h ergibt sich:

$h = W : (m \cdot g)$

Eingesetzt ergibt sich dann:

$h = 200\ J : (18\ kg \cdot 10\ m/s^2) =$ **1,11 m**

Lösung zu Aufgabe 4:

Welche Arbeit verursacht es, eine Tafel Schokolade mit 100 g auf einen 1 m hohen Tisch zu heben?

Die Formel zur Berechnung der Arbeit lautet:

$$W = m \cdot g \cdot h$$

Eingesetzt ergibt sich:

$W = 0{,}1\ kg \cdot 10\ m/s^2 \cdot 1\ m =$ **1 J**

Lösung zu Aufgabe 5:

Wie hoch kann eine Tafel Schokolade mit 100 g mit einer Arbeit von 3 Joule gehoben werden?

Die Formel zur Berechnung der Arbeit lautet:

$$W = m \cdot g \cdot h$$

Umgestellt nach h ergibt sich:

$h = W : (m \cdot g)$

Eingesetzt ergibt sich dann:

$h = 3\ J : (0{,}1\ kg \cdot 10\ m/s^2) =$ **3,0 m**

Lösung zu Aufgabe 6:

Ein Pkw wird auf ebener Strecke über 400 m angeschoben. Hierzu ist eine Kraft von 500 N erforderlich. Welche Arbeit wird hierbei verrichtet?

Hier ist bereits die Kraft F gegeben, daher erfolgt die Berechnung hier mit:

$W = F \cdot s$

Eingesetzt ergibt sich:

$W = 500\ N \cdot 400\ m =$ **200.000 J**

Lösung zu Aufgabe 7:

Eine Kiste, welche 0,3 kg wiegt und mit 55 Schrauben beladen ist, wird auf ein 2 m hohes Regal gehoben. Das Gewicht einer Schraube beträgt 22 g. Welche Arbeit wird verrichtet?

Hier muss zunächst das Gesamtgewicht berechnet werden, also:

$0{,}3\ kg + 55 \cdot 0{,}022\ kg = 1{,}51\ kg$

Die Formel zur Berechnung der Arbeit lautet:

$W = m \cdot g \cdot h$

Eingesetzt ergibt sich:

$W = 1{,}51\ kg \cdot 10\ m/s^2 \cdot 2\ m =$ **30,2 J**

Lösung zu Aufgabe 8:

Wie viele 22 g schwere Schrauben dürfen in der 0,3 kg schweren Kiste liegen, wenn sie 3 m hochgehoben werden soll und eine Arbeit von 55 J verrichtet wird?

Die Formel zur Berechnung der Arbeit lautet:

$W = m \cdot g \cdot h$

Umgestellt nach m ergibt sich:

$m = W : (g \cdot h)$

Eingesetzt ergibt sich dann:

$m = 55\ J : (10\ m/s^2 \cdot 3\ m) = 1{,}83\ kg$ Gesamtgewicht,

abzüglich der 0,3 kg für die Kiste bleiben 1,53 kg für die Schrauben.

Um die Anzahl der Schrauben zu errechnen, werden abschließend die 1,53 kg durch die 0,022 kg pro Schraube dividiert. Es ergibt sich dadurch die Anzahl von 69,55 Schrauben. Es dürfen also nur **69 Schrauben** in der Kiste liegen, da ansonsten die Arbeit nicht mehr ausreichen würde.

Lösung zu Aufgabe 9:

Eine Kiste mit einem Gewicht von 7,5 kg wird zunächst auf das erste, 1 m hohe Regalfach gehoben und anschließend auf das zweite, 2 m hohe Regalfach. Welche Arbeit wird verrichtet?

Die Formel zur Berechnung der Arbeit lautet:

$$W = m \cdot g \cdot h$$

Eingesetzt ergibt sich:

$W = 7{,}5\ \text{kg} \cdot 10\ \text{m/s}^2 \cdot 2\ \text{m} = \mathbf{150\ J}$

Es ist für die Berechnung nicht wichtig, ob das Anheben in mehreren Etappen erfolgt oder auf einmal.

Lösung zu Aufgabe 10:

Während eine Kiste 12 m hochgehoben wird, wird eine Arbeit von 150 J verrichtet. Welches Gewicht hat diese Kiste?

Die Formel zur Berechnung der Arbeit lautet:

$$W = m \cdot g \cdot h$$

Umgestellt nach m ergibt sich:

$m = W : (g \cdot h)$

Eingesetzt ergibt sich dann:

$m = 150\ \text{J} : (10\ \text{m/s}^2 \cdot 12\ \text{m}) = \mathbf{1{,}25\ kg}$

9.2 Leistung

Lösung zu Aufgabe 11:

Welche Leistung ist erforderlich, um einen 200 kg schweren Schrank innerhalb von 10 s um 2 m hoch zu heben?

Die Berechnung der Leistung erfolgt durch die Formel:

$$P = (m \cdot g \cdot h) : t$$

Eingesetzt ergibt sich eine Leistung von:

$P = (200\ \text{kg} \cdot 10\ \text{m/s}^2 \cdot 2\ \text{m}) : 10\ \text{s} =$ **400 W**

Lösung zu Aufgabe 12:

Welche Leistung ist erforderlich, um einen 200 kg schweren Schrank innerhalb von 5 s um 2 m hoch zu heben?

Die Berechnung der Leistung erfolgt durch die Formel:

$$P = (m \cdot g \cdot h) : t$$

Eingesetzt ergibt sich eine Leistung von:

$P = (200\ \text{kg} \cdot 10\ \text{m/s}^2 \cdot 2\ \text{m}) : 5\ \text{s} =$ **800 W**

Lösung zu Aufgabe 13:

Wie schwer darf eine Kiste sein, wenn eine Leistung von 500 W zur Verfügung steht, um sie innerhalb von 10 s um 3 m anzuheben?

Die Berechnung der Leistung erfolgt durch die Formel:

$$P = (m \cdot g \cdot h) : t$$

Umgestellt ergibt sich:

$m = P \cdot t : (g \cdot h)$

Eingesetzt ergibt sich eine Masse von:

$m = 500\ \text{W} \cdot 10\ \text{s} : (10\ \text{m/s}^2 \cdot 3\ \text{m}) =$ **166,67 kg**

Lösung zu Aufgabe 14:

Ein Antrieb stellt eine Leistung von 800 Watt bereit. Wie hoch kann damit ein 18 kg schwerer Bierkasten innerhalb von 3 s gehoben werden?

Die Berechnung der Leistung erfolgt durch die Formel:

$$P = (m \cdot g \cdot h) : t$$

Umgestellt ergibt sich:

$h = P \cdot t : (m \cdot g)$

Eingesetzt ergibt sich eine Höhe von:

$h = 800\ W \cdot 3\ s : (18\ kg \cdot 10\ m/s^2) = \mathbf{13{,}33\ m}$

Lösung zu Aufgabe 15:

Wie schnell kann der 18 kg schwere Bierkasten mit einem 800 W Antrieb auf eine Höhe von 8 m gehoben werden?

Die Berechnung der Leistung erfolgt durch die Formel:

$$P = (m \cdot g \cdot h) : t$$

Umgestellt ergibt sich:

$t = (m \cdot g \cdot h) : P$

Eingesetzt ergibt sich eine Zeit von:

$t = (18\ kg \cdot 10\ m/s^2 \cdot 8\ m) : 800\ W = \mathbf{1{,}8\ s}$

Lösung zu Aufgabe 16:

Der 18 kg schwere Bierkasten soll in einem Lager innerhalb von 4 s um 12 m angehoben werden. Welche Leistung ist hierzu erforderlich?

Die Berechnung der Leistung erfolgt durch die Formel:

$$P = (m \cdot g \cdot h) : t$$

Eingesetzt ergibt sich eine Leistung von:

$P = (18\ kg \cdot 10\ m/s^2 \cdot 12\ m) : 4\ s =$ **540 W**

Lösung zu Aufgabe 17:

Das Schieben eines Motorrades benötigt eine Kraft von 350 N. Welche Leistung wird benötigt, wenn es innerhalb von 45 s eine Strecke von 200 m geschoben werden soll?

Die Berechnung der Leistung erfolgt durch die Formel:

$P = (F \cdot s) : t$

Eingesetzt ergibt sich eine Leistung von:

$P = (350\ N \cdot 200\ m) : 45\ s =$ **1.556 W**

Lösung zu Aufgabe 18:

An einem Auto wird eine Leistung von 400 W verrichtet, wie weit kann es damit in 12 s geschoben werden, wenn eine Kraft von 450 N erforderlich ist?

Die Berechnung der Leistung erfolgt durch die Formel:

$P = (F \cdot s) : t$

Umgestellt nach s ergibt sich:

$s = (P \cdot t) : F$

Eingesetzt ergibt sich eine Strecke von:

$s = (400\ W \cdot 12\ s) : 450\ N =$ **10,67 m**

Lösung zu Aufgabe 19:

Ein Auto wird mit 300 N angeschoben und zwar in drei Etappen insgesamt 500 m weit. Dafür benötigte man 8 s für die erste Etappe, 13 s für die zweite und 10 s für die dritte Etappe. Welche Leistung wurde hier erbracht?

Die Berechnung der Leistung erfolgt durch die Formel:

$P = (F \cdot s) : t$

Eingesetzt ergibt sich eine Leistung von:

P = (300 N • 500 m) : 31 s = **4.839 W**

Lösung zu Aufgabe 20:

Ein Antrieb stellt eine Leistung von 1,2 kW bereit. Kann damit eine 200 kg schwere Kiste in 8 s auf ein Regal von 8 m Höhe gehoben werden?

Die Berechnung der Leistung erfolgt durch die Formel:

$$P = (m \cdot g \cdot h) : t$$

Eingesetzt ergibt sich eine Leistung von:

P = (200 kg • 10 m/s^2 • 8 m) : 8 s = **2.000 W**

Der Antrieb ist also nicht stark genug!

10. Belastungen, Festigkeit

Lösung zu Aufgabe 1:

Ein 2 m langes Stahlblech (Scherfestigkeit τ = 600 N/mm^2) mit 3 mm Dicke soll abgeschnitten werden. Welche Kraft ist hierfür erforderlich?

Um die Scherkraft zu berechnen, muss zuerst die Schnittfläche berechnet werden. Anschließend wird diese mit der Scherfestigkeit des Materials multipliziert. Die Scherfläche errechnet sich hier durch:

$S = L \cdot B$ $= 2.000\ \text{mm} \cdot 3\ \text{mm} = 6.000\ \text{mm}^2$

Die Scherkraft errechnet sich aus:

$F = S \cdot \tau$ $= 6.000\ \text{mm}^2 \cdot 600\ \text{N/mm}^2 =$ **3.600.000 N**

Lösung zu Aufgabe 2:

Ein Rundstahl (Scherfestigkeit τ = 600 N/mm^2) mit 25 mm Durchmesser wird abgeschert. Welche Kraft ist erforderlich?

Um die Scherkraft zu berechnen, muss zuerst die Schnittfläche berechnet werden. Anschließend wird diese mit der Scherfestigkeit des Materials multipliziert.

Die Scherfläche errechnet sich hier durch:

$S = d^2 \cdot \pi : 4$ $= (25\ \text{mm})^2 \cdot \pi : 4 = 490{,}9\ \text{mm}^2$

Die Scherkraft errechnet sich aus:

$F = S \cdot \tau$ $= 490{,}9\ \text{mm}^2 \cdot 600\ \text{N/mm}^2 =$ **294.524 N**

Lösung zu Aufgabe 3:

Welchen Querschnitt muss eine Zugstange aus Stahl besitzen, wenn sie eine Kraft von 2.500 N aufnehmen muss?

Die Scherkraft beträgt hier 2.500 N und sie errechnet sich aus:

$F = S \cdot \tau$

Umgestellt nach S ergibt sich: $S = F : \tau$

Eingesetzt ergibt es: $S = 2.500\ N : 600\ N/mm^2 = \mathbf{4{,}17\ mm^2}$

Lösung zu Aufgabe 4:

Ein quadratischer Stahlträger mit 55 mm Seitenlänge soll eine Kraft von 1.000 kN aufnehmen. Hält er diese Belastung aus?

Um die Scherkraft zu berechnen, muss zuerst die Schnittfläche berechnet werden. Anschließend wird diese mit der Scherfestigkeit des Materials multipliziert. Die Scherfläche errechnet sich hier durch:

$S = L \cdot B$ $= 55\ mm \cdot 55\ mm = 3.025\ mm^2$

Die Scherkraft errechnet sich aus:

$F = S \cdot \tau$ $= 3.025\ mm^2 \cdot 600\ N/mm^2 = 1.815.000\ N = \mathbf{1.815\ kN}$

Der Stahlträger hält die Beanspruchung aus.

Lösung zu Aufgabe 5:

Welche Kraft kann eine Stahlschraube mit einem Durchmesser von 8 mm aufnehmen?

Um die Scherkraft zu berechnen, muss zuerst die Schnittfläche berechnet werden. Anschließend wird diese mit der Scherfestigkeit des Materials multipliziert. Die Scherfläche errechnet sich hier durch:

Die Scherfläche errechnet sich hier durch:

$S = d^2 \cdot \pi : 4$ $= (8\ mm)^2 \cdot \pi : 4 = 50{,}27\ mm^2$

Die Scherkraft errechnet sich aus:

$F = S \cdot \tau$ $= 50{,}27\ mm^2 \cdot 600\ N/mm^2 = \mathbf{30.159\ N}$

Lösung zu Aufgabe 6:

Eine Stahlschraube soll eine Kraft von 50.000 N aufnehmen. Welchen Durchmesser muss sie mindestens aufweisen?

Die Scherkraft beträgt hier 50.000 N und sie errechnet sich aus:

$F = S \cdot \tau$

Umgestellt nach S ergibt sich: $S = F : \tau$

Eingesetzt ergibt es: $S = 50.000\ N : 600\ N/mm^2 = 83{,}33\ mm^2$

Anschließend muss aus dem Querschnitt noch der Durchmesser berechnet werden. Dieser errechnet sich aus:

$d = \sqrt{((4 \cdot A) : \pi)}$

Eingesetzt ergibt sich: $d = \sqrt{(4 \cdot 83{,}33\ mm^2) : \pi}$ = **10,30 mm**

Die nächste passende Schraube wäre also eine **M 12 Schraube**.

Lösung zu Aufgabe 7:

In einem Behälter herrscht ein Druck von 50 bar. Der Durchmesser des Deckels beträgt 250 mm. Wie viele Stahlschrauben mit einem Querschnitt von 58 mm^2 sind erforderlich, um den Deckel zu verschrauben?

Hier muss zunächst die Kraft F berechnet werden. Der Zusammenhang lautet:

$p = F : A$

Umgestellt nach der Kraft F bedeutet dies: $F = p \cdot A$

Der Querschnitt errechnet sich aus:

$A = d^2 \cdot \pi : 4$

Eingesetzt ergibt sich $A = (250\ mm)^2 \cdot \pi : 4 = 49.087\ mm^2$

Die Kraft errechnet sich dann aus:

5 N/mm² • 49.087 mm² = 245.435 N (10 bar Druck entsprechen 1 N/mm².)

Die Scherkraft errechnet sich aus:

$F = S \cdot \tau$

Umgestellt nach S ergibt sich: $S = F : \tau$

Eingesetzt ergibt es: S = 245.435 N : 600 N/mm² = 409 mm²

Um die Anzahl der Schrauben zu bestimmen, muss die gesamte Fläche durch die Fläche je Schraube dividiert werden. Dadurch ergibt sich:

409 mm² : 58 mm² = **7,05**

Es müssen also mindestens **8 Schrauben** verwendet werden.

Lösung zu Aufgabe 8:

Welcher Druck darf in einem Behälter vorliegen, wenn der Deckel mit 200 mm Durchmesser mit 12 Stahlschrauben, welche einen Querschnitt von je 78 mm² aufweisen, verschraubt ist?

Hier muss zunächst der gesamte Querschnitt, berechnet werden:

12 • 78 mm² = 936 mm²

Die Scherkraft errechnet sich aus:

$F = S \cdot \tau$ = 936 mm² • 600 N/mm² = 561.600 N

Die Fläche des Deckels errechnet sich aus:

$A = d^2 \cdot \pi : 4$

Eingesetzt ergibt sich: A = (200 mm)² • π : 4 = 31.416 mm²

Der Druck errechnet sich dann aus:

$p = F : A$

Eingesetzt ergibt sich:

$p = 561.600\ N : 31.416\ mm^2 = 17{,}88\ N/mm^2 =$ **178,8 bar** (10 bar Druck entsprechen 1 N/mm^2)

Lösung zu Aufgabe 9:

In einem Behälter herrscht ein Druck von 70 bar. Welchen Durchmesser darf der Deckel aufweisen, wenn er mit 10 Stahlschrauben mit einem Querschnitt von je 78 mm^2 verschraubt ist?

Ein Druck von 70 bar entspricht 7 N/mm^2.

Der gesamte Querschnitt der Schrauben beträgt 780 mm^2.

Die zulässige maximale Kraft errechnet sich aus:

$F = S \cdot \tau$ $= 780\ mm^2 \cdot 600\ N/mm^2 = 468.000\ N$

Der Druck berechnet sich durch:

$p = F : A$

Umgestellt nach dem Querschnitt ergibt sich: $A = F : p$

Eingesetzt ergibt sich: $A = 468.000\ N : 7\ N/mm^2 = 66.857\ mm^2$

Daraus folgt der Durchmesser:

$d = \sqrt{((4 \cdot A) : \pi)}$

Eingesetzt ergibt sich:

$d = \sqrt{(4 \cdot 66.857\ mm^2) : \pi} =$ **291,8 mm**

Lösung zu Aufgabe 10:

Wie dick darf ein Stahlblech maximal sein, wenn es mit einer Kraft von 800.000 N auf einer Länge von 1 m abgeschert werden soll?

Die zulässige maximale Scherfläche errechnet sich aus:

$S = F : \tau$ $= 800.000\ N : 600\ N/mm^2 = 1.333\ mm^2$

Die Scherfläche errechnet sich aus:

$S = L \cdot B$

Hier ist die Fläche mit 1.333 mm^2 vorgegeben und die Länge mit 1.000 mm. Um die zulässige Dicke zu erhalten, muss die Fläche durch die Länge geteilt werden, also:

$B = S : L$ $= 1.333\ mm^2 : 1.000\ mm =$ **1,33 mm**

11. Kombinierte Aufgaben

Lösung zu Aufgabe 1:

Ein 1.400 kg schwerer Pkw fährt in 7 Minuten einen 1.200 m hohen Berg hinauf. Dabei legt er eine Strecke von 5.600 m zurück. Mit welcher Geschwindigkeit fährt der Pkw und welche Leistung ist hierfür notwendig?

Die Geschwindigkeit errechnet sich mit:

$$v = s : t$$

Eingesetzt: v = 5.600 m : 420 s = 13,33 m/s = **48 km/h**

Die Leistung errechnet sich aus:

$$P = (m \cdot g \cdot h) : t$$

Eingesetzt ergibt das:

P = (1.400 kg • 10 m/s^2 • 1.200 m) : 420 s = 40.000 W = **40 kW**

Lösung zu Aufgabe 2:

Ein Drehstrom-Elektromotor besitzt eine aufgenommene Leistung von 8,5 kW. Welche Leistung kann er abgeben, wenn 12 % Verluste zu berücksichtigen sind?

Die aufgenommene Leistung entspricht 100 %, die abgegebene Leistung bei 12 % Verlusten nur noch 88 %. Daher muss die Leistung von 8,5 kW mit 0,88 multipliziert werden und so ergibt sich die abgegebene Leistung mit **7,48 kW**.

Lösung zu Aufgabe 3:

Welche Energie besitzt ein 25 kg schwerer Fernseher, der auf einem 1,20 m hohen Regal steht?

Die potenzielle Energie errechnet sich durch:

$$E_{pot} = m \cdot g \cdot h$$

Eingesetzt ergibt sich:

E = 25 kg • 10 m/s^2 • 1,2 m = **300 J**

Lösung zu Aufgabe 4:

Mit welcher Geschwindigkeit trifft eine Kiste am Boden auf, wenn sie 15 kg schwer ist und aus 4 m Höhe auf den Boden fällt?

Hier ist der Ansatz, dass $E_{pot} = E_{kin}$, wenn die Kiste herunterfällt.

Oder anders gesagt, die Kiste fällt mit der kinetischen Energie nach unten, die vorher ihre potenzielle Energie war.

$E_{pot} = 15 \text{ kg} \cdot 10 \text{ m/s}^2 \cdot 4 \text{ m} = 600 \text{ J} = E_{kin}$

$v = \sqrt{(E : (m \cdot 0{,}5))}$

Eingesetzt ergibt sich:

$v = \sqrt{(600 \text{ J} : (15 \text{ kg} \cdot 0{,}5))} =$ **8,94 m/s**

Lösung zu Aufgabe 5:

Eine Wippe befindet sich im Gleichgewicht. Ein Kind wiegt 25 kg und sitzt 1,12 m vom Drehpunkt entfernt, das andere Kind wiegt 28 kg und sitzt 1 m vom Drehpunkt entfernt. Nun setzt sich statt des 25 kg schweren Kindes ein anderes Kind mit 30 kg auf dieselbe Position. Wie weit muss das verbliebene 28 kg schwere Kind nach außen rutschen, damit die Wippe im Gleichgewicht bleibt?

Hier muss das Hebelgesetz $F_1 \cdot l_1 = F_2 \cdot l_2$ umgestellt werden nach l_2.

Dadurch ergibt sich:

$l_2 = (F_1 \cdot l_1) : F_2$

Eingesetzt ergibt sich also:

$l_2 = (300 \text{ N} \cdot 1{,}12 \text{ m}) : 280 \text{ N} =$ **1,2 m**

Das verbliebene 28 kg schwere Kind muss also von 1 m auf 1,20 m (= 20 cm) nach außen rutschen.

Lösung zu Aufgabe 6:

Ein Auto fährt eine Strecke von 1.720 m in 1,5 Minuten. Anschließend verzögert es mit einer Verzögerung von 8,0 m/s² bis zum Stillstand. Mit welcher Geschwindigkeit fuhr das Auto und welchen Bremsweg benötigt es?

Die Geschwindigkeit errechnet sich mit:

$v = s : t$

Eingesetzt:

v = 1.720 m : 90 s = 19,11 m/s = **68,8 km/h**

Hier kann zunächst die Zeit mit der Formel zur Berechnung der Beschleunigung/Verzögerung errechnet werden. Diese lautet:

$a = v : t$

Umgestellt nach t ergibt sich:

$t = v : a$

Eingesetzt ergibt sich:

t = 19,11 m/s : 8,0 m/s² = 2,39 s.

Der Bremsweg ergibt sich als Multiplikation der Durchschnittsgeschwindigkeit (anfangs fährt das Auto 68,8 km/h und am Ende der Verzögerung 0 km/h, daher fährt das Auto durchschnittlich 34,4 km/h) und der Zeit.

Es ergibt sich also für:

$s = 0{,}5 \cdot v \cdot t$

Eingesetzt:

s = 0,5 • 19,11 m/s • 2,39 s = **22,84 m**

Lösung zu Aufgabe 7:

Zwei 30 Ω Widerstände liegen in Reihe an 24 V. Nun werden zusätzlich zwei parallel geschaltete 20 Ω Widerstände vor die beiden 30 Ω Widerstände geschaltet. Wie groß ist der Gesamtwiderstand und welcher Strom fließt hier?

Die beiden 30 Ω Widerstände ergeben einen Ersatzwiderstand von 60 Ω.

Die beiden parallel geschalteten 20 Ω Widerstände ergeben einen Ersatzwiderstand von 10 Ω.

Der komplette Widerstand ergibt sich also aus: 60 Ω + 10 Ω = **70 Ω**

Der Strom berechnet sich aus:

$I = U : R$

Eingesetzt:

$I = 24\,V : 70\,\Omega =$ **0,34 A**

Lösung zu Aufgabe 8:

Drei gleich große Widerstände liegen in Reihe an 24 V. Es wird eine Leistung von 30 W umgesetzt. Wie groß ist jeder einzelne Widerstand?

Hier kann der Gesamtwiderstand berechnet werden über:

$P = U^2 : R$

Umgestellt nach:

$R = U^2 : P$

Eingesetzt ergibt sich:

$R = (24\,V)^2 : 30\,W = 19{,}2\,\Omega$

Da es sich um drei gleich große Widerstände in Reihenschaltung handelt, muss der Gesamtwiderstand noch durch 3 dividiert werden, damit sind die einzelnen Widerstände:

$19{,}2\,\Omega : 3 =$ **6,4 Ω**

Lösung zu Aufgabe 9:

Drei gleich große Widerstände liegen parallel an 24 V. Es wird eine Leistung von 30 W umgesetzt. Wie groß ist jeder einzelne Widerstand?

Hier kann der Gesamtwiderstand berechnet werden über:

$P = U^2 : R$

Umgestellt nach:

$R = U^2 : P$

Eingesetzt ergibt sich:

$R = (24\ V)^2 : 30\ W = 19{,}2\ \Omega$

Da es sich um drei gleich große Widerstände in Parallelschaltung handelt, muss der Gesamtwiderstand noch mit 3 multipliziert werden, damit sind die einzelnen Widerstände:

$19{,}2\ \Omega \cdot 3 = \mathbf{57{,}6\ \Omega}$

Lösung zu Aufgabe 10:

Auf eine Stahlschraube mit einem Durchmesser von 10 mm wirkt ein Drehmoment von 110 Nm. Zu wie viel Prozent ist die Schraube belastet, bezogen auf ihre maximale Festigkeit von 600 N/mm^2?

Durch das Drehmoment wirkt eine Kraft von:

$F = M : r$

Eingesetzt also:

$F = 110\ Nm : 0{,}005\ m = 22.000\ N$

Der Querschnitt der Schraube beträgt:

$A = (10\ mm)^2 \cdot \pi : 4 = 78{,}5\ mm^2$

Dadurch entsteht eine Scherfestigkeit:

$\tau = F : S$

Eingesetzt ergibt sich:

$\tau = 22.000\ N : 78{,}5\ mm^2 = 280{,}25\ N/mm^2$

Die Schraube besitzt eine Festigkeit von 600 N/mm^2 und wird nur mit 280,25 N/mm^2 belastet.

Dies bedeutet, die Schraube ist nur zu 280,25 : 600 = 0,467 = **46,7 %** ausgelastet.

Die wichtigsten Formeln kompakt und übersichtlich:

Umfang eines Kreises	$U = d \cdot \pi$
Fläche eines Kreises	$A = d^2 \cdot \pi : 4$
Winkelfunktionen	$\sin \alpha = GK : Hyp$
	$\cos \alpha = AK : Hyp$
	$\tan \alpha = GK : AK$
Satz des Pythagoras	$a^2 + b^2 = c^2$
Gewichtskraft	$F_G = m \cdot g$
Normalkraft	$F_N = F_G \cdot \cos \alpha$
Hangabtriebskraft	$F_H = F_G \cdot \sin \alpha$
Reibungskraft	$F_R = F_N \cdot \mu$
Geschwindigkeit	$v = s : t$
Wegstrecke	$s = v \cdot t$
Beschleunigung	$a = v : t$

Arbeit	$W = F \cdot s$
Leistung	$P = (F \cdot s) : t$
	bzw.
	$P = (m \cdot g \cdot h) : t$
Potentielle Energie	$E = m \cdot g \cdot h$
Kinetische Energie	$E = 0{,}5 \cdot m \cdot v^2$
Längenausdehnung	$\Delta l = l_0 \cdot \alpha_L \cdot \Delta T$
Volumenausdehnung	$\Delta V = V_0 \cdot \alpha_V \cdot \Delta T$
Wärmemenge	$Q = m \cdot c \cdot \Delta T$
Scherkraft	$F = S \cdot \tau$
Elektrische Leistung	$P = U \cdot I$
	bzw.
	$P = U^2 : R$
	bzw.
	$P = I^2 \cdot R$

Elektrische Leistung Drehstrom	$P = \sqrt{3} \cdot U \cdot I \cdot \cos \varphi$
Reihenschaltung von Widerständen	$R_{ges} = R_1 + R_2 + R_3 \ldots$
Parallelschaltung von Widerständen	$\frac{1}{R_{ges}} = \frac{1}{R_1} + \frac{1}{R_2} + \frac{1}{R_3} + \ldots$

W

Z